越吃越有味

一学就会的

诱惑川菜

主编 ○ 张云甫　　编写 ○ 瑞雅　工作室

U0219250

青岛出版社
QINGDAO PUBLISHING HOUSE

前 言
PREFACE

用爱做好菜 用心烹佳肴

不忘初心，继续前行。

将时间拨回到 2002 年，青岛出版社"爱心家肴"品牌悄然面世。

在编辑团队的精心打造下，一套采用铜版纸、四色彩印、内容丰富实用的美食书被推向了市场。宛如一枚石子投入了平静的湖面，从一开始激起层层涟漪，到"蝴蝶效应"般兴起惊天骇浪，青岛出版社在美食出版领域的"江湖地位"迅速确立。随着现象级畅销书《新编家常菜谱》在全国摧枯拉朽般热销，青版图书引领美食出版全面进入彩色印刷时代。

市场的积极反馈让我们备受鼓舞，让我们也更加坚定了贴近读者、做读者最想要的美食图书的信念。为读者奉献兼具实用性、欣赏性的图书，成为我们不懈的追求。

时间来到 2017 年，"爱心家肴"品牌迎来了第十五个年头，"爱心家肴"的内涵和外延也在时光的砥砺中，愈加成熟，愈加壮大。

一方面，"爱心家肴"系列保持着一如既往的高品质；另一方面，在内容、版式上也越来越"接地气"。在内容上，更加注重健康实用；在版式上，努力做到时尚大方；在图片上，要求精益求精；在表述上，更倾向于分步详解、化繁为简，让读者快速上手、步步进阶，缩短您与幸福的距离。

2017 年，凝结着我们更多期盼与梦想的"爱心家肴"新鲜出炉了，希望能给您的生活带来温暖和幸福。

2017 版的"爱心家肴"系列，共 20 个品种，分为"好吃易做家常菜""美味新生活""越吃越有味"三个小单元。按菜式、食材等不同维度进行归类，收录的菜品款款色香味俱全，让人有马上动手试一试的冲动。各种烹饪技法一应俱全，能满足全家人对各种口味的需求。

书中绝大部分菜品都配有 3~12 张步骤图演示，便于您一步一步动手实践。另外，部分菜品配有精致的二维码视频，真正做到好吃不难做。通过这些图文并茂的佳肴，我们想传递一种理念，那就是自己做的美味吃起来更放心，在家里吃到的菜肴让人感觉更温馨。

爱心家肴，用爱做好菜，用心烹佳肴。

由于时间仓促，书中难免存在错讹之处，还请广大读者批评指正。

美食生活工作室

2017 年 12 月于青岛

目录

CONTENTS

第一章

川菜
放不下的麻辣味道

1. 经典川菜之火辣魅力   6

2. 地道川菜之美味密码   7

3. 百菜百味之味型传奇   9

第二章

开胃解腻
川味泡菜

四川泡菜	14
泡蒜	15
泡小青辣椒	16
泡青菜帮	17
泡黄瓜	19
泡萝卜皮	20
茄汁泡藕	21
风味泡菜	23
山椒泡香鸭	25
泡椒凤爪	27
泡耳脆	28

第三章

脆嫩爽口
川味凉菜

风味菜卷	30
蓑衣黄瓜	31
手撕蒜薹花生米	33
山椒拌白萝卜	34
红油甘蓝	35
鱼香山豆角	35
辣拌花椒叶	36
酸辣藕块	36
椒香芋头	37
香辣豇豆	38
酸辣花生	39
烧辣椒皮蛋	40

蒜泥白肉	41
夫妻肺片	42
红油肚丝	43
麻辣猪手	45
凉粉拌腰花	46
四川熏肉	47
蕨根粉拌土鸡	47
姜汁肚片	48
川味牛脸	48
风味牛百叶	49
麻辣牛百叶	49
洋葱拌兔肉	50
怪味鸡丝	51
口水鸡	53
白斩鸡	54

田园鸡肉卷	55	盐水肫花	62	温拌海什锦	66
怪味鸡块	56	麻辣鸭肠	63	温拌海肠	66
棒棒鸡	57	芥末鸭掌	63	茄子拌扇贝	67
川味仔鸡	58	椒麻鱿鱼卷	64	萝卜干拌扇贝	67
钵钵鸡	59	鲜椒八爪鱼	64	川北凉粉	68
红油鸡胗	61	土豆肘子拌海螺	65	酸辣蕨根粉	68
怪味凤爪	62	椒麻海螺片	65		

第四章

麻辣鲜香
川味炒菜

		糖醋椒香笋条	82	宫保鸡丁	107
		炒素回锅肉	83	重庆辣子鸡	109
		山椒土豆丝	84	麻辣鸡翅	111
		泡椒炒香菇	85	果味鸡丁	112
		干锅茶树菇	87	泡椒鸡片	113
		鱼香千张	88	麻辣鸡豆腐	115
		白油金针菇	88	青椒鸡丝	116
炝炒白菜	70	芝麻肉丝	89	嫩姜鸭舌	117
干锅辣白菜	71	回锅肉	91	土豆樟茶鸭	119
干锅娃娃菜	72	生爆盐煎肉	92	泡椒鸭片	121
山椒白菜	73	怪味爆肉花	92	糖醋鱼柳	123
炝炒油菜	73	榨菜肉丝	93	家常爆鳝片	124
豆角炒茄条	74	鱼香肉丝	95	干煸鱿鱼丝	125
鱼香茄子	75	鱼香肝片	96	宫保鱿鱼卷	127
尖椒茄子干	75	辣子蒜香骨	97	孜然鱿鱼	128
干煸四季豆	77	火爆腰花	99	芙蓉乌鱼片	128
酸辣豆芽	78	洋葱猪肝	100	生爆虾仁	129
清炒丝瓜	79	干煸腊肉	101	蛤蜊炒鸡	130
炝黄瓜	80	辣子肥肠	102	辣椒炒文蛤	130
炝炒茭白	80	干煸牛肉丝	103		
青椒炒竹笋	81	凤丝牡丹	103		
香辣藕丝	81	辣爆兔肉	105		

第五章

回味悠长
蒸烧炖菜

白汁菜心	132
开水白菜	133
清蒸豆腐	134
烧椒茄子	135
粉蒸南瓜	136

干烧茄子	137
素扣	137
川味水煮肉片	139
红烧肉	141
东坡肉	142
干烧陈皮肉	143
坛子肉	143
东坡肘子	145
坛子菜焖猪脚	147
毛血旺	149
水煮牛肉	150
板栗蒸鸡	151

脆笋烧带鱼	152
咸鱼蒸肉饼	152
干锅沸腾鱼	153
番茄鱼片	154
水煮鱼	155
麻辣小龙虾	156
麻辣盆盆虾	157
老豆腐烧蟹	158
菜炖蟹	158
椒香鲍鱼仔	159
川式烤鲍鱼	159
葱椒海鲈鱼	160
驰名墨斗鱼	160

本书经典菜肴的视频二维码

蓑衣黄瓜
（图文见 31 页）

手撕蒜薹花生米
（图文见 33 页）

宫保鸡丁
（图文见 107 页）

重庆辣子鸡
（图文见 109 页）

麻辣鸡翅
（图文见 111 页）

川味水煮肉片
（图文见 139 页）

第一章

川菜 放不下的麻辣味道

川菜作为中国八大菜系之一，
在烹饪史上占有极其重要的地位。
它取材广泛，调味多变，菜式多样，
口味清鲜醇浓并重，以善用麻辣著称，
以其别具一格的烹调方法和浓郁的地方风味享誉中外，
成为中华民族饮食文化中一颗璀璨的明珠。

1 经典川菜之火辣魅力

取材原料丰富，用料讲究

四川自古以来就享有"天府之国"的美誉。境内江河纵横，四季常青，烹饪原料丰富：既有山区的山珍野味，又有江河的鱼虾蟹鳖；既有肥嫩味美的各类禽畜，又有四季不断的各种新鲜蔬菜和笋菌；还有品种繁多、质地优良的酿造调味品和种植调味品，如自贡井盐、内江白糖、郫县豆瓣、茂汶花椒、永川豆豉、叙府芽菜、南充冬菜、新繁泡菜、成都地区的辣椒等，都为各式川菜的烹饪提供了良好的物质基础。

许多川菜对辣椒的选择是很讲究的，如麻辣、家常味型菜肴，必须用四川的郫县豆瓣；制作鱼香味型菜肴，必须用川味泡辣椒等。

普通宴会菜式，要求就地取材，荤素搭配，汤菜并重，加工精细，经济实惠，朴素大方。大众便餐菜式，以烹制快速、经济实惠为特点，如宫保鸡丁、鱼香肉丝、水煮肉片、麻婆豆腐等菜品。家常风味菜式，要求取材方便，操作易行，如回锅肉、盐煎肉、宫保肉丁、干煸牛肉丝、蒜泥白肉、肉末豌豆、过江豆花等，是深受大众喜爱又是食肆餐馆和家庭大都能够烹制的菜肴。除以上三类菜式外，还有四川各地许多著名的传统民间小吃和糕点菜肴，也为川菜浓郁的地方风味增添了内容和光彩。

烹调方法多样化，注重调味

川菜的调味品复杂多样，讲究川料川味。调味品多用辣椒、花椒、胡椒、香糟、豆瓣酱、葱、姜、蒜等辛香味浓的品种。川菜的调味多以多层次、递增式调味方法见长，可调制出数十种不同风味特点的复合味型，这也是川菜能赢得众多食客青睐的主要原因。

许多人发出"食在中国，味在四川"的赞叹。川菜的不断发展也使四川饮食文化的内涵不断丰富。

2 地道川菜之美味密码

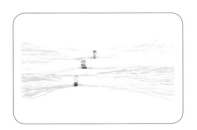

米 粉

又称米线，是用大米经过浸泡→磨浆→过滤→笼蒸→挤压→煮制而成的线状食品。多用作小吃原料，四川以南充的街头小吃顺庆羊肉米粉最为著名。

胡 豆

在四川的栽培历史有千年以上，四川的胡豆品种主要有小青胡豆和大白胡豆两种，小青胡豆多收干豆，作为粮食，它还是加工淀粉和豆瓣酱的重要原料。大白胡豆主要供鲜食，作蔬菜用。

雪 豆

我国主产于四川，雪豆颗粒大而饱满，皮薄色白，质地细软。入馔主要用于炖汤，如四川名菜东坡肘子就是用雪豆与猪肘合炖而成的。

粉 条

粉条是用绿豆、蚕豆、豌豆、红薯（四川俗称红苕）等加工提取的淀粉制成的条状食品。四川俗称水粉，是四川名小吃酸辣粉、肥肠粉的主要原料，红苕粉条是吃火锅的主要原配料。

油菜薹

四川分布较广，有紫菜薹和绿菜薹两种，味微苦清香，烹调中主要用于煸炒或配菜。

豌豆尖

又称豆苗，是四川冬、春季的叶菜之一，豌豆尖色绿、清香，鲜嫩，多清炒和做配菜。

魔芋

四川是主产区，魔芋块茎经过熬煮、冷却、凝固而成的块状食品称为魔芋豆腐，以烧为主，也用于四川小吃。

洋姜

洋姜质地脆嫩，味清香，四川人主要将它用于制作酱菜和泡菜，成品脆嫩，甘甜。

葱

葱是川菜中使用最广的调味品，用以除腥、去膻、增香、增味。

大蒜

大蒜在川菜中是重要的调配料，除广泛用于炒菜、烧菜外，还是鱼香、蒜泥、家常等味型的主要调味品。

蒜苗

又称青蒜，四川春季重要蔬菜之一。宜煸炒或做烧菜的配菜，还可用于凉菜、泡菜等。

藠头

我国主产于广西、贵州、四川等地。藠头色白，质地脆嫩，辣中带甜，有特殊的香味，做菜主要用于腌渍，如泡藠头、糖藠头、酸甜藠头等。

竹荪

为世界著名的食用菌，有山珍之王、素中珍品之称，我国主产于四川、云南、贵州等地。营养价值极佳，入馔时主要用于高级筵席的清汤菜式。

侧耳根

又称鱼腥草，叶颜色紫红，茎粗壮，质地脆嫩，有一种特殊的香味。入馔多用于凉拌。全草亦可入药，有清热解毒、利尿消肿的功效。

酸菜

为叶用青菜的腌制品，腌渍时间较长，多为一年以上，所以酸味很重，一般不直接食用，主要用于汤菜、烧烩菜的调味。

百菜百味之味型传奇

川菜的基础口味

◯咸味

咸味是五味中的主味，也是调制各种复合味的基本味，除纯甜以外的所有味型，几乎都离不开咸味（盐）来参与调和滋味。能体现咸味的调味料主要有盐、酱油、生抽、老抽、复制酱油、豆豉、豆腐乳、豉油汁、鲍鱼汁。其中最具四川特色的咸味调料有：

豆豉：分为水豆豉和干豆豉两大类。干豆豉多用于调味，如豆豉酥鱼、太和肉、豉汁青鳗等。

豆腐乳：豆腐乳是用豆腐做坯，经自然发霉后盐渍、加料，再密封发酵而成的，可佐餐和做菜肴的调味。

◯麻味

川菜中的麻味主要由花椒生成。花椒为芸香科植物花椒的果实，晒干后供应用。花椒品种较多，其中以四川汉源青溪花椒、川陕接壤之地的"大红袍"花椒质量上乘。另外还有青花椒（又称土花椒）、鲜花椒等品种。花椒具有散寒除湿、解腥祛毒等功效。

花椒在烹调中可压腥去膻、增香提味，腌渍时常与姜、葱、料酒或其他香料混合使用。花椒的麻味也是调制麻辣、椒麻、椒盐、陈皮、煳辣、怪味、五香味的重要调味料。花椒的制品有花椒油、花椒粉、椒盐、刀口花椒、花椒水等。

◯辣味

川菜中的辣味十分丰富，有麻辣、香辣、酸辣、红油、鱼香、家常、姜汁、陈皮、怪味、蒜泥等味型。最具四川特色的辣味调料有以下几种：

辣椒：辣椒共有灯笼椒、圆锥椒、长椒、簇生椒和樱桃椒5个变种。辣椒又可分为菜椒、干椒和兼用类。菜椒类主要作鲜菜，微辣，熟透后略带甜味，果肉厚，水分多，宜煸炒也可作泡菜。干椒类主要作调味品，味辣或极辣，皮薄色红，芳香油润，青果可鲜食，宜煸炒，也可做泡菜。兼用类嫩果可鲜食，熟果可制干辣椒、泡辣椒，辣味介于菜椒和干椒之间。

豆瓣酱：又称"豆瓣"，成渝特产，是用胡豆（蚕豆）瓣经发酵后制成豆瓣醋，再配入辣椒酱、香料粉等制成。豆瓣品种很多，有金钩、火腿、香油豆瓣等。豆瓣是川菜的重要调味品，有"川味之魂"的美誉。四川特产郫县豆瓣、资阳临江寺豆瓣均为调味佐餐的佳品。

水豆豉：以黄豆为原料，经煮熟、天然发酵后，加盐、酒、辣椒酱、老姜米、香料和煮黄豆的原汁水拌匀，入坛密封，存放半月左右，即可开坛取用。

菜椒	甜椒	二金条	油辣椒	七星椒
糍粑辣椒	泡辣椒	辣椒粉	刀口辣椒	水豆豉
小米辣	剁椒	老干妈辣酱	干辣椒	豆瓣酱

➔ 酸味

产生酸味的烹饪原料很多，像人工酿造的食醋、泡酸菜、腌渍菜、酸杨梅、柠檬汁、酸梅酱、番茄酱等。酸味在烹调中有去腥解腻、提鲜增香、调和诸味、减缓麻辣味刺激等作用。在川菜中，酸味是调制糖醋、酸辣、荔枝、鱼香、姜汁等味型必不可少的原料。

➔ 香味

香味尽管不属于"五味"之列，却是构成菜肴风味极其重要的因素。香味的类型比较复杂，从风味说有烟香、五香、糟香、酱香、鱼香等，也可以说每一款菜肴都有自己独特的香味。可以形成香味的调味品有香油、芝麻酱、桂皮、丁香、八角、茴香、五香粉、孜然、香葱、芫荽、香椿、黄酒、酒糟、葱姜蒜等。

➔ 甜味

川菜中鱼香、荔枝、糖醋、怪味、咸甜等味型都离不开糖来调味，糖是调制复合味的一种重要调味品，而拔丝、糖霜、果羹、酥泥更是以糖为主要调味料。

川菜的经典味型

● 麻辣味

［调味要点］ 主要由辣椒、花椒、川椒、川盐、味精、料酒调制而成。其花椒和辣椒的运用则因菜而异，有的用红油辣椒，有的用辣椒粉，有的用花椒粒，有的用花椒末。调制时均须做到辣而不涩，辣而不燥，辣中有鲜味。

［特点］ 麻辣味厚，咸鲜而香。

［常用原料］ 广泛应用于冷、热菜式。主要用于以鸡、鸭、猪、羊、兔等家禽、家畜肉及其内脏为原料，及以干鲜蔬品、豆类与豆制品等为原料的菜肴。

● 酸辣味

［调味要点］ 以川盐、醋、胡椒粉、味精、料酒等调制。调制酸辣味，须掌握以咸味为基础，酸味为主体，辣味助风味的原则。冷菜的酸辣味，应注意不放胡椒，而用红油或豆瓣。

［特点］ 醇酸微辣，咸鲜味浓。

● 煳辣味

［常用原料］ 各类蔬菜及海参、鱿鱼、蹄筋、鸡肉、鸡蛋等。

［调味要点］ 以川盐、干红辣椒、花椒、酱油、醋、白糖、姜、葱、蒜、味精、料酒调制而成。其香味是以干辣椒段在油锅里炸，使之成为煳辣壳而产生的，火候不到或火候过头都会影响其味，炒制时须特别注意。

[特点] 香辣咸鲜，回味略甜。

[常用原料] 家禽、家畜等肉类原料，蔬菜类原料。

● 鱼香味

因源于四川民间独具特色的烹鱼调味方法，故名"鱼香味"。

［调味要点］ 以泡红辣椒、川盐、酱油、白糖、醋、姜米、蒜米、葱粒等调制而成。用于冷菜时，调料不下锅，不用芡，醋应略少于热菜的用量，而盐的用量稍多。

［特点］ 咸甜酸辣兼备，姜葱蒜香气浓郁。

［常用原料］ 广泛用于热菜和冷菜。热菜主要以家禽、家畜、蔬菜、禽蛋为原料，冷菜则多以豆类蔬菜为原料。

➡️ 红油味

[调味要点] 以特制的红油与酱油、白糖、味精调制而成。

[特点] 咸鲜辣香，回味略甜。

[常用原料] 鸡、鸭、猪、牛等肉类原料，肚、舌、心等家畜内脏原料，块茎类鲜蔬原料等。

➡️ 怪味

因集多种味型于一体，各味平衡而又十分和谐，故以"怪"字褒其味妙。

[调味要点] 主要以川盐、酱油、红油、花椒粉、麻酱、白糖、醋、熟芝麻、香油、味精调制而成。也有加入姜米、蒜米、葱花的。

[特点] 咸、甜、麻、辣、酸、鲜、香并重而协调。

[常用原料] 多用于冷菜，主要以鸡肉、鱼肉、兔肉、花生仁、桃仁、蚕豆、豌豆等为原料。

➡️ 椒麻味

[调味要点] 以川盐、花椒、小葱叶、酱油、冷鸡汤、味精、香油等调制而成。调制时须选用优质花椒，方能体现风味。花椒粒要加盐与葱叶一同用刀铡成蓉，令其椒麻辛香之味与咸鲜味完美地结合在一起。

[特点] 椒麻辛香，味咸而鲜。

[常用原料] 多用于冷菜，尤适宜夏天食用。常用原料为鸡肉、兔肉、猪肉、猪舌、猪肚等。

➡️ 陈皮味

[调味要点] 多用于冷菜。以陈皮、川盐、酱油、醋、花椒、干辣椒节、姜、葱、白糖、红油、醪糟汁、味精、香油等调制而成。调制时，陈皮的用量不宜过多，过多则回味带苦。白糖、醪糟汁仅为增鲜，用量以略感回甜为度。

[特点] 陈皮芳香，麻辣味厚。

[常用原料] 主要以家禽、家畜肉类为原料。

第二章

开胃解腻　川味泡菜

四川人爱吃泡菜，

几乎家家都有腌制泡菜的坛子。

制作泡菜的原料很多，

根茎叶果豆瓜无一不可。

成品新鲜，质地脆嫩，

咸淡适口，开胃下饭。

四川泡菜

制作时间 8 小时　难易度 ★★

主料

卷心菜200克，山椒10克，胡萝卜25克

调料

大蒜10克，生姜5克，盐、味精、冰糖、川红干椒、花椒、八角、桂皮、香叶、草果、酸橙汁各适量

做法

① 将卷心菜、山椒、大蒜、生姜、胡萝卜处理干净，卷心菜切成块，生姜、胡萝卜均切成片。

② 泡菜坛内放入盐、味精、冰糖、川红干椒、花椒、八角、桂皮、香叶、草果、酸橙汁、矿泉水。

③ 再下入卷心菜、山椒、大蒜、生姜、胡萝卜搅匀。

④ 封上盛器口腌制8小时，捞起装盘即可。

泡蒜

主料

蒜500克

调料

A：新盐水200毫升，川盐250
克，白酒40毫升，红糖40
克

B：白菌20克，干辣椒15克，
大料、排草、灵草各5克

做法

① 准备好所有食材。

② 选新鲜蒜，去外皮，洗净后用川盐50克、5克白酒拌匀，
于盆内腌10天，捞出沥干。

③ 将新盐水、川盐、红糖、白酒依次放入碗中，加入调料B
和蒜。

④ 所有材料放入泡菜坛中，盖上坛盖，加足坛沿水，泡1个
月即可食用。

要点提示

· 鲜蒜洗净后一定要控干水，否则会毁坏泡菜原汤。

泡小青辣椒

制作时间
30 天

难易度
★★

主料

小青辣椒800克，小红辣椒
125克

调料

红糖70克，川盐350克，醪糟
汁适量，老盐水1300毫升，
新盐水1300毫升，白菌20
克，干辣椒15克，大料、排
草、甘草各5克

做法

① 准备好所有食材。挑选新鲜硬健、肉质厚的小青辣椒，确保无虫伤。

② 将挑选好的小青辣椒洗净，剪去茎柄，沥水备用。

③ 将白菌、干辣椒、大料、排草、甘草装入布包，制成香料包。将处理好的小青辣椒填入泡菜坛中，填到一半时放入香料包，再继续填充。

④ 最后在上面盖一层小红辣椒。

⑤ 将醪糟汁、红糖、老盐水、新盐水、川盐倒入坛内搅匀。

⑥ 盖上坛盖，加足坛沿水，约泡制一个月可食用。

泡青菜帮

制作时间
12 小时

难易度
★★

主料

青菜帮600克

调料

A：食盐溶液、酸辣盐水各
1200毫升，野山椒水600
毫升，白酒、醪糟汁各20
毫升，红糖10克

B：白菌4克，花椒3克，干辣
椒2克，大料、排草、灵
草各1克

做法

① 将青菜去叶洗净，沥干水；将调料B装入布包，制成香料
包；备好其他食材。

② 将青菜帮切成长2厘米左右的厚片，将其浸泡在食盐溶液
中腌渍一会儿。

③ 将腌渍好的青菜帮装入坛中，用竹片卡紧。倒入酸辣盐
水、野山椒水、白酒、醪糟汁、红糖、香料包。

④ 盖上坛盖，掺足坛沿水，泡12小时即成。

要点提示

· 清洗青菜时，可用适量碱水浸泡，以去除残余农药。

泡黄瓜

制作时间
5小时

难易度
★★

主料

黄瓜	500克

调料

A：	老盐水	500克
	红糖	30克
	川盐	25克
	白酒	5毫升
B：	白菌	20克
	干辣椒	15克
	大料、排草、灵草	各5克

做法

① 准备好所有材料。

② 黄瓜清洗干净，用刀顺划切成4个长条状，晾干表面水分，待用。

③ 将老盐水置大碗内，加川盐、红糖、白酒入碗搅匀。

④ 放入调料B。

⑤ 然后将黄瓜装入泡菜坛，倒入碗中的调料。

⑥ 用竹片卡紧，盖上坛盖，加足坛沿水，泡4～5小时即可食用。

Tips

黄瓜中的黄瓜酶有很强的生物活性，有润肤除皱的功效。

要点提示

· 选购黄瓜时，宜选嫩的，以带花的、花冠残在脐部为佳。

泡萝卜皮

制作时间
3 天

难易度
★★

主料

白萝卜500克

调料

A：新老混合盐水500毫升，
　　川盐20克，白酒5毫升，
　　红糖15克，醪糟汁15毫升
B：干辣椒10克，白菌20克，
　　花椒15克，大料、排草、
　　灵草各5克

做法

① 挑选新鲜的白萝卜；将调料B装入布包，制成香料包；备好其他食材。

② 将白萝卜去蒂，去根须，洗净，削厚皮。将皮晾晒至蔫，放入川盐中腌渍半天，出坯，捞出沥水，备用。

③ 将新老混合盐水、白酒、红糖、醪糟汁倒入泡菜坛中拌匀，放入萝卜皮和香料包。

④ 盖上坛盖，掺足坛沿水，稍微泡制3天即可。

要点提示

· 白萝卜所含的钙有90%集中在皮内，无论腌渍还是炒食，都不要去皮食用。

茄汁泡藕

制作时间
20分钟

难易度
★★

主料

嫩藕200克，番茄100克

调料

辣椒油2大匙，白砂糖100
克，川盐3克，柠檬酸1克

做法

① 准备好所有食材。选色白、质脆嫩的藕，刮去皮，切成0.2
厘米厚的片；将鲜红的番茄洗净，切块，放入榨汁机中榨
成番茄汁。

② 将藕片放入盆中冲洗去多余的淀粉，捞出沥干水，入沸水
锅内汆烫至断生，快速入凉开水中浸泡至凉。

③ 在番茄汁中放入白砂糖、川盐、辣椒油、柠檬酸，调匀成
甜酸番茄味汁。

④ 将藕片放入甜酸番茄味汁中浸泡入味，用保鲜膜密封。取
出装盘，另取少许番茄味汁淋在藕片上即可。

风味泡菜

制作时间
4 小时

难易度
★★

主料

白菜帮块	300克
苹果、雪梨	各半个

调料

食盐溶液	1000毫升
香料盐水	500毫升
白酒、醪糟汁	各5毫升
辣椒粉	5克
调料包（内含干红椒10克，花椒、大料、白菌各适量）	1个
白砂糖	30克
苹果酱	2小匙
味精	少许
姜末、蒜末	各15克

Tips

　　水果与蔬菜搭配，泡出来的泡菜营养丰富、酸甜可口，别有风味。

做法

① 准备好所有食材。

② 苹果、雪梨去皮，切块。

③ 白菜帮块用食盐溶液腌渍一会儿，捞出沥干水。

④ 将白菜帮、苹果块、雪梨块、调料包、香料盐水、白酒、醪糟汁放入坛中，盖上盖，泡制4小时。

⑤ 捞出沥水，拌上其余调料即成。

要点提示

· 白菜帮块要切得小一点，比较容易入味。

山椒泡香鸭

制作时间
24 小时

难易度
★★★

主料

仔土鸭腿	2只
野山椒	适量
甜椒、子姜、西芹	各少许
青豆	25克
泡辣椒	30克

调料

鲜花椒	25克
味精	10克
醪糟汁	50毫升
川盐	75克
香料包	1个
葱段、香菜	各少许

Tips

鸭肉既可补充人体所需水分，又可滋阴，并可清热止咳，和其他蔬菜同时食用可以起到清热祛火、滋养肠胃的作用。

做法

① 准备好所有食材。野山椒去蒂；子姜切片；西芹、甜椒切段；青豆煮至断生后晾凉。

② 将仔土鸭腿入沸水锅中煮熟，捞出后用清水冲洗干净。

③ 锅洗净置火上，加入1000毫升清水烧沸，放野山椒、泡辣椒、葱段、香菜、鲜花椒、香料包、青豆、子姜、甜椒、西芹，用小火烧出味。

④ 晾凉倒入泡菜坛中。

⑤ 加入川盐、醪糟汁、味精搅匀，放入鸭腿，盖上坛盖，泡约24小时。

⑥ 将鸭腿放在盘中摆好，周围放上辅料，淋少许原汁即可。

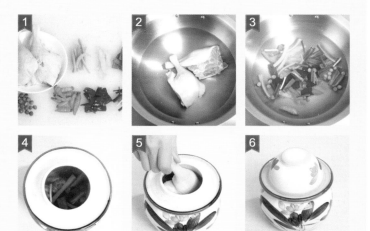

要点提示

· 也可以在泡制的过程中放一些丝瓜，能带来清脆的口感。

泡椒凤爪

制作时间
40分钟

难易度
★★

主料

鸡爪	500克
泡山椒	50克
红椒	50克
西芹	50克

调料

白醋	50克
白砂糖	30克
花椒	10克
盐、料酒	各适量

Tips

　　泡椒鲜嫩清脆，能够增进食欲，帮助消化与吸收。但泡椒辣味较重，食管炎、胃肠炎、胃溃疡、痔疮等疾病的患者忌食。

做法

① 准备好所有食材。红椒洗净，切段；西芹洗净，切段。

② 鸡爪洗净，去指甲，切段。

③ 鸡爪放入沸水中汆烫熟，捞出沥干。

④ 泡椒段、红椒段和西芹段放入碗内，加入所有调料，加水拌匀成汁，放入鸡爪，静置30分钟即可。

要点提示

· 用白醋泡鸡爪可以让其具有酸酸的味道，同时保持鸡爪白嫩的颜色，尽量不要用深色的食醋或老醋替代。

泡耳脆

制作时间 12 小时
难易度 ★★

主料

猪耳600克，野山椒、泡小红辣椒、西芹、洋葱各40克

调料

姜丝、葱段各15克，白醋、料酒、醪糟汁各35毫升，川盐50克，味精1小匙

做法

① 准备好所有食材。猪耳去净残毛，刮洗干净；西芹、洋葱切段。

② 将猪耳放入沸水锅中，加入姜、葱、料酒煮至刚熟。

③ 捞出猪耳漂冷，切成薄片。

④ 将400克凉开水、泡小红辣椒、西芹、洋葱、川盐、味精、醪糟汁、白醋、野山椒及野山椒水放入碗中搅匀，加入猪耳片，泡约12小时，捞出装盘即可。

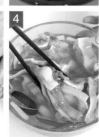

第三章

脆嫩爽口 川味凉菜

川菜有许多经典凉菜，
如蓑衣黄瓜、蒜泥白肉、夫妻肺片等。
川菜凉菜调味也以麻辣为主，
且善用麻辣调味品。
使用辣椒、花椒的准则并不是越辣越好，越麻越好，
而是强调因人、因时、因地、因料而灵活使用辣椒和花椒，
要求从五味中求平衡，
清鲜中求醇浓，麻辣中求柔和。

风味菜卷

制作时间 20分钟　难易度 ★★

主料

胡萝卜20克，圆白菜叶3张

调料

生姜、泡椒各15克，盐1小匙，白砂糖、白醋各4大匙

做法

① 圆白菜去外皮，洗净；胡萝卜、生姜、泡椒分别洗净，切丝。

② 胡萝卜丝加盐腌渍10分钟；圆白菜叶入沸水中略氽烫。

③ 将圆白菜叶过凉，平摊开，一端放少许胡萝卜丝、泡椒丝、生姜丝。将菜叶卷成卷，卷口处用牙签插上，做成菜卷。

④ 将所有调料调成味汁，放入菜卷，浸泡一会儿。将菜卷取出，改刀，装盘即可。

要点提示

· 选购圆白菜时要选颜色绿且卷得实的圆白菜，这种圆白菜口感好且容易清洗。

蓑衣黄瓜

制作时间 25分钟

难易度 ★★★

扫码看视频

主料

黄瓜2根

调料

醋4大匙，酱油2小匙，糖3大匙，盐1小匙，花椒6粒，色拉油2大匙，葱姜蒜末、干红辣椒各适量

做法

① 黄瓜与刀呈30度角连续斜切片，注意千万不要切断，斜切至黄瓜的2/3处即可。

② 待一侧切好后，将另一侧按相同办法连刀切好，即成蓑衣刀。

③ 切好的黄瓜上撒盐进行腌制。盐一定要撒均匀。

④ 待黄瓜中的水分全部析出，用手将其挤干。

⑤ 在盛器中加入糖、醋、酱油，充分调匀。

⑥ 锅热后倒入色拉油，放入花椒、干红辣椒和黄瓜，迅速翻炒至变色，盛出。油锅放入葱姜蒜粒，烹入调制好的汁料烧开，浇在黄瓜上，晾凉即可。

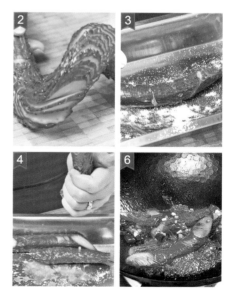

要点提示

· 黄瓜切片时尽量切得薄一些，容易入味。

手撕蒜薹花生米

制作时间 25 分钟

难易度 ★★★

主料

蒜薹	250克
花生米	50克

调料

大料	适量
桂皮	适量
小茴香	适量
盐	适量
剁椒	20克
糖	少许
酱油	少许

做法

① 花生用大料、桂皮、小茴香、盐煮熟后浸泡入味。

② 锅内加水，烧开后将蒜薹放入水中焯过。

③ 用刀将煮好的蒜薹根端轻轻切开一小部分。

④ 用手顺着蒜薹破裂的方向轻轻撕开，尽量不使其断开。

⑤ 将撕好后的蒜薹放在盛器中码放整齐。

⑥ 将剁椒、糖、酱油与蒜薹一起调拌均匀。

⑦ 将调拌好的蒜薹盛入容器码放整齐，摆上煮熟的花生米即可。

Tips

蒜薹含有辣素，具有较强的杀菌能力，可以起到预防流感的作用。蒜薹一般用来做热菜，但加热会使得辣素破坏，杀菌作用降低。这道菜将蒜薹焯水后凉拌，能最大限度地保留蒜薹的营养功效。

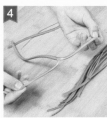

山椒拌白萝卜

主料

野山椒50克，白萝卜100克

调料

酱油、鸡精、辣椒碎、味精、老陈醋、香油各适量

制作时间
10分钟

难易度
★

做法

① 野山椒洗净。白萝卜洗净，切成与野山椒相仿的粗条。

② 将白萝卜条倒入盛器内，调入酱油、鸡精、味精、辣椒碎、老陈醋腌制5分钟。

③ 再将野山椒下入，调入香油拌匀即成。

主料

紫甘蓝350克

调料

红干辣椒、盐、味精、豆油各适量

做法

① 紫甘蓝切成细丝，红干椒切成斜丝，备用。

② 锅置火上，加清水烧沸，放入甘蓝丝烫至断生捞出，投凉，挤净余水。

③ 锅入豆油烧至三成热，加入红干椒丝慢慢浸炸，至干椒呈金红色时将油盛出，晾凉成红椒油，浇在用盐、味精拌匀的甘蓝丝上即成。

红油甘蓝

主料

山豆角350克，泡红辣椒50克

调料

白糖、盐、味精、大葱、蒜末、姜末、酱油、醋、香油、花生油各适量

做法

① 山豆角洗净，切段，入沸水焯至断生，沥水，放盐、香油拌匀。

② 泡红辣椒剁成细末。葱洗净，切成葱花。将蒜末、姜末、泡辣椒末放入碗内。炒锅放油烧至八成热，倒入盛有姜、蒜、泡辣椒末的碗内，加白糖、酱油、味精、醋、香油、葱花调成鱼香味汁。

③ 将山豆角放入盆内，倒入调制好的鱼香味汁拌匀，整齐地放入盘内即可。

鱼香山豆角

辣拌花椒叶

主料

花椒叶100克

调料

盐、味精、白糖、辣椒油、鸡精、绍酒各适量

做法

① 花椒叶择洗净，控净水分。

② 将花椒叶倒入盛器内，调入盐、味精、白糖、辣椒油、鸡精、绍酒，拌匀即成。

酸辣藕块

主料

莲藕1个，小米椒9个

调料

酸辣味汁1大匙，盐、红油各1小匙

做法

① 小米椒洗净；将莲藕去皮，洗净，切块，放入水中加盐浸泡一下。

② 将泡好的莲藕块捞出，入沸水锅中氽烫至熟，捞出沥干，装盘。

③ 锅置火上，加入红油烧热，加入小米椒煸炒至出香味，加入酸辣味汁调匀。

④ 将味汁淋在莲藕块上即成。

椒香芋头

制作时间
10分钟

难易度
★★

主料

小芋头400克，白辣椒100克，红甜椒20克

调料

盐半小匙，味精少许，老抽1小匙，葱花20克

做法

① 准备好所有食材。将芋头去皮洗净，对切；红甜椒洗净，切丝；白辣椒洗净，切碎。

② 将芋头放入沸水中余烫熟，放入红甜椒丝、白辣椒碎同煮片刻，捞出，放在大碗里。

③ 将盐、味精、老抽放在小碗中，制成调味汁，淋在芋头上，撒上葱花，搅拌均匀即可。

要点提示

· 剥洗芋头时最好戴上手套。如因赤手剥洗芋头导致皮肤发痒，可在火上烤烤或用姜擦一下。

香辣豇豆

制作时间 15分钟　难易度 ★★

主料

豇豆350克，豆腐干150克

调料

蒜、葱各15克，辣椒油1小匙，香油、芝麻酱、盐各少许，醋半大匙，白砂糖、老抽、味精各适量

做法

① 准备好所有食材。葱、蒜分别洗净，切末；豇豆掐去两头，撕去边筋，洗净，切段；豆腐干切丝。

② 豇豆放入沸水中氽烫熟，捞出沥干，趁热撒上盐。

③ 取一小碗，放入芝麻酱，用凉开水搅匀，加入老抽、盐、味精、醋、白砂糖、葱末、蒜末、辣椒油、香油调匀。

④ 浇在豇豆和豆腐干丝上，拌匀即可。

Tips

豇豆以食其嫩荚为主，可炒食、煮食、凉拌或加工成泡菜、干豇豆。老熟的豆粒可供粮用，也可制作糕点及豆沙馅心。

酸辣花生

制作时间
15 分钟

难易度
★★

主料

花生仁350克，青尖椒、红尖椒各50克

调料

蒜片20克，醋5小匙，盐、鸡精各半小匙，老抽适量

做法

① 将花生仁洗净；青尖椒、红尖椒均洗净，切圈。

② 将花生仁放入锅中，加适量水煮熟，捞出，沥干水。

③ 将煮熟的花生仁、青尖椒、红尖椒、蒜片放入大碗中。

④ 加盐、鸡精、老抽、醋，搅拌均匀后即可食用。

Tips

花生中富含脂肪和蛋白质，并含有维生素B_1、维生素B_2等多种维生素，特别是含有人体必需的多种氨基酸，有促进脑细胞发育的作用。

烧辣椒皮蛋

制作时间 10 分钟　难易度 ★

主料

青辣椒100克，皮蛋1个

调料

姜末1大匙，蒜泥1小匙，辣豆豉酱2大匙，醋1大匙，盐、香油各适量

做法

① 将青辣椒洗净，焙烧去多余水分；将皮蛋剥壳。

② 将去壳皮蛋从中线切成八瓣或切小块，备用。

③ 用凉开水洗净青辣椒，用手撕成长条。

④ 将青辣椒放盐、醋、姜末、蒜泥拌好，将皮蛋摆好盘，铺上辣豆豉酱，倒入青辣椒味汁，淋香油即可。

要点提示

· 皮蛋内饱含水分，若放在冰箱内储存，水分就会逐渐结冰。最好的储存方法是放在塑料袋内密封，置于阴凉处。

蒜泥白肉

制作时间 25 分钟

难易度 ★★

主料

带皮五花肉400克，黄瓜1根

调料

蒜10瓣，葱段20克，姜4片，香菜叶少许，盐1小匙，香油半小匙，鸡精少许

做法

① 带皮五花肉洗净，放入冷水锅中，加盐、姜片和葱段，大火烧开，煮至断生。

② 蒜去皮，捣成泥，盛入碗中，加剩余调料，再加1大匙煮肉汤汁，搅匀成蒜泥汁。

③ 将黄瓜洗净，刮成长条薄片，再切成短段，备用。

④ 黄瓜片摆在盘底；将带皮五花肉捞出，放凉，切成薄长条片，放在黄瓜片上，撒香菜叶。食用时蘸蒜泥汁即可。

夫妻肺片

制作时间
25 分钟

难易度
★★★

主料

牛心、牛舌各1个，牛百叶、牛肚、牛肉各200克，熟花生仁末50克

调料

胡椒粉2小匙，大料5克，料酒、白酒、红油味汁、辣椒油、肉桂、盐、花椒、花椒粉各适量，香菜叶少许

做法

① 牛肉洗净切块，用适量盐、花椒粉、料酒腌渍。牛心、牛舌分别洗净，与牛肉一起入冷水锅中，汆烫捞出。

② 将牛肉放入沸水中，加盐、白酒、花椒、肉桂、大料煮熟，捞出牛肉块，留下卤汁；将牛心、牛舌放入卤汁中煮熟捞出；将牛肚、牛百叶洗净煮熟。

③ 将剩余调料加卤汁煮成味汁。

④ 所有牛肉块部位切好装盘，撒上熟花生仁末，淋上味汁，撒上香菜叶即可。

红油肚丝

主料

牛肚400克

调料

香葱末、辣椒油、糖、酱油、盐、味精各适量

制作时间
15分钟

难易度
★★

做法

① 牛肚洗净，入沸水锅内煮熟。

② 将熟牛肚捞起，晾凉，切成丝，装盘。

③ 酱油、辣椒油、糖、盐、味精调成红油味汁。

④ 将调味汁淋在肚丝上，撒香葱末即成。

麻辣猪手

制作时间 30分钟　难易度 ★★

主料

猪前蹄　　　　　　500克

调料

盐、味精、鸡精、白糖、川椒
油、麻椒油、生姜、葱、老醋
　　　　　　　　　各适量

做法

① 生姜、葱分别切细丝。

② 将猪蹄洗净，从中间一分为二，入沸水锅中汆过，冲净备用。

③ 炒锅上火，倒入水，调入盐，下入猪蹄煮熟。

④ 将猪蹄捞起，去骨切块，装入盘内待用。

⑤ 将味精、鸡精、白糖、川椒油、麻椒油、老醋放入小碗中调成味汁。

⑥ 将味汁均匀地浇在猪蹄上，撒入葱姜丝即成。

 Tips

猪蹄预处理

1. 夹紧猪蹄，在火上翻转烤去猪毛。
2. 猪蹄入开水锅中汆煮30秒。
3. 捞出，放入冷水中过凉。
4. 用干净的纱布擦干猪蹄表面的水，猪毛和毛垢随之脱落。
5. 将残留的毛用镊子拔掉。

凉粉拌腰花

制作时间 20 分钟 ｜ 难易度 ★★

主料

腰花350克，凉粉100克，香椿100克，黄豆芽80克，花生碎80克

调料

醋、白糖、酱油、花椒粒、味精、香油、油泼辣椒、芝麻酱、盐、植物油各适量

做法

① 凉粉洗净，切条。黄豆芽、香椿择洗干净，分别放入沸水中焯透，捞出，沥干。花椒粒用热水泡软后切碎。将焯过水的香椿切小段，挤去水分。

② 腰花倒入原锅的热水中，关火加盖闷3~5分钟，捞出，沥干水分，晾凉。

③ 取小碗，放入芝麻酱，加凉开水调稀，调入盐、白糖、酱油、醋、香油、味精、花椒碎搅匀，制成调味汁。

④ 取盘，依次放入黄豆芽、凉粉、香椿、腰花。

⑤ 淋上调味汁，撒上花生碎，浇上油泼辣椒拌匀即可。

主料

猪后腿肉500克

调料

白糖、白酒、火硝、盐、酱油、砂仁、豆蔻、桂皮、八角、花椒、葱段、姜片、香油、绍酒各适量

做法

① 猪后腿肉洗净，切成长条，置于盆内，加入除香油、绍酒外的所有调料拌匀腌制，并用重物压紧。

② 猪肉腌好后，挂在通风处吹12小时。

③ 熏锅置小火上，加入熏料，放上熏架，将肉铺在上面，加盖，熏至上色，取出晾凉，刷上香油，用玻璃纸包好保存。

④ 食用时，将熏肉洗净，加入葱段、姜片、绍酒上笼蒸熟，切片装盘即可。

四川熏肉

主料

熟土公鸡肉200克，蕨根粉100克

调料

鸡汤50克，红油30克，酱油、姜汁、蒜泥、芝麻酱各10克，白糖、醋、花椒油各5克，精盐、熟芝麻、葱花、香油各2克

做法

① 蕨根粉用沸水冲开后在冷水中过凉，捞出沥干水分，放入盘中垫底。熟鸡肉斩成条，盖在蕨根粉上。

② 取一小碗，放入酱油、精盐、白糖、醋、芝麻酱、花椒油、香油、姜汁、蒜泥、鸡汤和红油调成味汁，淋在鸡条上，撒上熟芝麻、葱花即可。

蕨根粉拌土鸡

姜汁肚片

主料

熟猪肚300克，芹菜100克

调料

姜末、香油、醋、盐、鲜汤各适量

做法

① 熟猪肚斜刀切成片。芹菜取梗洗净，去筋后切成菱形片，加盐腌渍一下，沥干水分后装入盘内垫底，上面摆放肚片。

② 取一碗，放入姜末、醋、盐、鲜汤、香油，调匀成姜味汁，均匀地淋在肚片上即成。

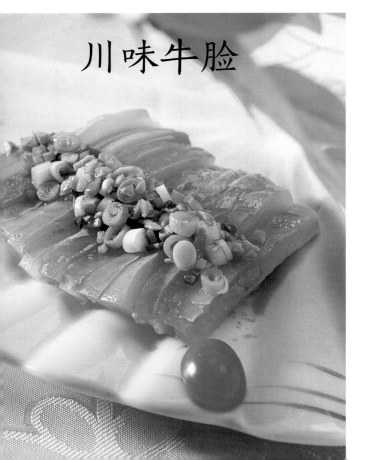

川味牛脸

主料

熟牛头肉300克，炸花生米50克

调料

盐、味精、白糖、辣油、花椒末、香油、蒜油、香菜、香葱各适量

做法

① 熟牛头肉斜刀切片。

② 香菜、香葱切末，炸花生米碾成碎末。

③ 牛头肉加入盐、味精、白糖、辣油、花椒末、蒜油、香油拌匀，装盘，撒花生碎、香葱末、香菜末即可。

主料

牛百叶400克，黄瓜100克

调料

香菜梗50克，香葱段30克，辣椒酱适量

做法

① 将牛百叶发好，黄瓜洗净切条，待用。

② 发好的牛百叶入热水锅中余过，捞出控水，切成片。

③ 牛百叶包入黄瓜条、香葱段，卷成卷，用香菜梗分别捆好，摆入盘中。

④ 将辣椒酱浇在盘中的牛百叶卷上即可。

风味牛百叶

主料

牛百叶300克，彩椒30克

调料

盐、味精、辣椒油、麻椒油、白糖各适量

做法

① 牛百叶、彩椒均切成丝，备用。

② 牛百叶洗净，放入沸水锅中煮熟。

③ 将熟牛百叶、彩椒放入容器内，调入盐、味精、辣椒油、麻椒油、白糖，拌匀装盘即成。

麻辣牛百叶

洋葱拌兔肉

主料

兔肉250克，洋葱50克，尖椒20克

调料

盐、味精、鸡精、白糖、花椒油、辣椒油、葱、姜各适量

制作时间 20分钟　难易度 ★★

做法

① 将兔肉洗净切片，洋葱、尖椒洗净切块，备用。

② 炒锅置于火上，倒入水烧开，下入兔肉汆熟，捞起冲凉，控净水分，备用。

③ 将兔肉倒入盛器内，调入盐、味精、鸡精、白糖、花椒油、辣椒油、葱、姜，腌渍2分钟。

④ 将洋葱、尖椒加入腌好的兔肉中，拌匀即成。

怪味鸡丝

制作时间
15 分钟

难易度
★★

主料

熟鸡肉250克

调料

红辣椒油40克，醋32克，香葱30克，红酱油25克，香油20克，花生酱15克，白糖10克，油酥花生粒10克，味精2克，花椒面1克，花椒油1克，盐1克，香菜末适量

做法

① 香葱洗净，切粗丝，装入盘内。

② 熟鸡肉用手撕成粗丝，摆放入盘内葱丝上。

③ 将花生酱、红酱油、白糖调散，再加入花椒面、花椒油、香油、醋、味精、盐、红辣椒油调成味汁。

④ 将调味汁淋在鸡丝上，最后撒上油酥花生粒、香菜末即成。

口水鸡

制作时间
15分钟

难易度
★★

主料

仔公鸡	1只（约500克）
黑芝麻	20克
油炸花生仁	50克

调料

花生酱	10克
辣椒油	50克
花椒面	5克
盐	5克
味精	5克
冷鸡汤	35克
小葱、香油	各适量

做法

① 仔公鸡宰杀，去净毛、内脏，入沸水锅中煮至刚熟时捞起。

② 仔鸡晾凉后斩成条，装盘待用。

③ 小葱洗净，切成葱花。油炸花生仁用刀背砸成碎末。

④ 将黑芝麻入锅炒香。

⑤ 用香油把花生酱搅散，加盐、味精、辣椒油、冷鸡汤、花椒面、黑芝麻、油炸花生碎拌匀。

⑥ 将调好的酱汁淋在鸡肉上，撒上葱花即成。

 Tips

鸡腿去骨

1. 用刀在鸡腿侧面剖一刀，露出鸡腿骨。

2. 剥离鸡腿肉，用刀背在腿骨靠近末端处拍一下，敲断腿骨。

3. 将腿骨周围的肉剥离开，将腿骨取出。

4. 将整个鸡腿肉平摊开，去掉筋膜，肉厚的地方划花刀，再用刀背将肉敲松即可。

白斩鸡

主料

肥嫩仔公鸡1只

调料

红油辣椒150克，香油150克，
白糖50克，酱油50克，豆瓣酱
15克，盐3克，花椒面2克

制作时间
25 分钟

难易度
★★

做法

① 鸡宰杀后去净毛及内脏。
将鸡两腿分开3厘米左右，
用细麻绳缠紧。

② 将处理好的公鸡下入清水
锅中，用小火煮至八成熟
时捞起待用。

③ 用开水将鸡身上的油污、
杂物冲洗干净，泡入凉开
水中，凉后捞起沥水，剁
成条块装盘。

④ 将酱油、豆瓣酱、盐、红
油辣椒、香油、花椒面、
白糖混合均匀，淋在鸡块
上，食时拌匀即可。

田园鸡肉卷

制作时间
45 分钟

难易度
★★★

主料

鸡脯肉片200克，黄瓜条、胡萝卜条、芹菜条各40克

调料

干辣椒3个，月桂叶少许，醋、白砂糖、芥末酱各2小匙，老抽1小匙

做法

① 将黄瓜条、胡萝卜条、芹菜条放入沸水锅中汆烫透，捞出，沥干水。

② 将鸡脯肉片放入沸水锅中汆烫至熟，捞出，沥干水。

③ 将鸡脯肉片分别摊开，放上适量黄瓜条、胡萝卜条、芹菜条，再分别用手卷起，用牙签固定好，成鸡肉卷。

④ 将除芥末酱外的调料加适量水拌成味汁，入锅中煮沸，盛入碗中放凉。将鸡肉卷放入味汁中腌渍半小时至入味，装盘，搭配芥末酱食用即可。

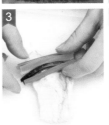

怪味鸡块

主料

鸡腿2个

调料

葱末、姜末、蒜末各10克，姜片、葱段、各适量，老抽3大匙，芝麻酱2大匙，白砂糖、辣椒油、醋各1大匙，花椒粉半大匙，香菜叶适量

做法

① 准备好所有食材。将鸡腿洗净，沥干水。

② 净锅置火上，加入适量水、葱段、姜片烧开，放入鸡腿，煮15分钟至鸡腿肉断生后关火，盖上盖闷5分钟，捞出鸡腿，泡在冰水里。

③ 将姜末、蒜末、葱末加剩余调料调匀，成怪味汁。

④ 把鸡腿从冰水中捞出来，沥干水，切成块，放在盘子里。淋上怪味汁，撒香菜叶即可。

要点提示

· 鸡腿煮熟后马上放进冰水中浸泡，能使鸡皮表面的胶质迅速凝固，从而保持鸡肉的鲜嫩可口。

棒棒鸡

主料

鸡脯肉300克

调料

葱白段5克，姜2片，香菜叶少许，老抽1大匙，辣椒油2小匙，白砂糖、花椒粉各半小匙，香油、芝麻酱各1小匙

制作时间 20分钟　难易度 ★★

做法

① 将鸡脯肉洗净，和姜片、葱白段一起放入汤锅中，以冷水煮10分钟，捞出。

② 待鸡脯肉放凉后用木棒轻打，至鸡脯肉变松软时撕成丝，放在盘里。

③ 先用少许清水将芝麻酱调开，用筷子搅拌均匀，再向芝麻酱中加入老抽、辣椒油、白砂糖、花椒粉、香油，调成味汁。

④ 将味汁淋在鸡脯肉丝中，点缀香菜叶即成。

川味仔鸡

制作时间 25 分钟　难易度 ★★

主料

仔鸡1只，香菜叶少许

调料

A：姜片、葱丝、蒜瓣各10克，大料、桂皮各适量，盐2小匙，白胡椒粉1小匙，料酒3小匙

B：辣椒油3大匙，花椒油、白砂糖各1小匙，香油、花椒粉、白胡椒粉、绿花椒各适量，生抽、陈醋各4小匙

做法

① 将仔鸡处理干净；其余材料均洗净。

② 锅中放入适量清水、仔鸡、调料A，大火煮沸，转中火焖煮15分钟至熟透。

③ 把调料B拌匀成味汁，备用。

④ 将仔鸡捞出后入冰水中浸泡，沥干水，用擀面杖拍打，切块装盘。将味汁淋在盘中，用香菜叶点缀即成。

钵钵鸡

制作时间 20分钟

难易度 ★★

主料

鸡1只

调料

葱25克，熟白芝麻、蒜、姜各10克，香菜叶5克，辣椒油50毫升，盐2小匙，白砂糖、花椒粉各1小匙，鸡精、大料各适量

做法

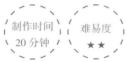

① 鸡处理干净；葱洗净，取20克切段，5克切末；姜洗净切片；蒜去皮，洗净。

② 将鸡放在锅中，加葱段、姜片、蒜瓣、大料、适量水煮至断生，捞出沥干。

③ 待鸡放凉后，去掉鸡骨头，再改刀成条。

④ 将熟白芝麻、葱末和剩余调料搅拌均匀，调成味汁，淋在鸡肉条上，撒香菜叶即可。

红油鸡胗

制作时间
25分钟

难易度
★★

主料

鸡胗	400克

调料

味精、酱油、红油、香油、香
醋、白糖　　　　　　各适量

做法

① 将鸡胗洗净，用清水泡制一会儿，备用。

② 炒锅置火上，倒入水烧开，下入鸡胗煮熟。

③ 将鸡胗捞起切片，装入盘内，待用。

④ 取一小碗，调入红油、酱油、味精、香醋、白糖、香油调匀，制成味汁。

⑤ 将味汁均匀地浇在盘内鸡胗上，食用时拌匀即成。

Tips

鸡胗预处理

1. 撕去鸡胗表面的油污和筋膜。

2. 将鸡胗剖开，洗去内部的消化物和杂质，撕去鸡胗内的一层黄色筋膜。

3. 将处理好的鸡胗洗净。

要点提示

· 鸡胗也可用料酒加花椒浸泡一会儿，以去除腥味。

怪味凤爪

主料

鸡爪400克

调料

米醋30克、油酥花生、泡野山椒蓉、姜片各25克、香油、料酒、葱段、红辣椒油、美极鲜酱油各20克、葱蓉、芝麻酱各10克、花椒面、味精各2克、精盐1克

做法

① 鸡爪洗净，斩去爪尖，锅置火上，加适量清水，放入鸡爪、料酒、姜片、葱段煮熟，捞入凉开水中过凉，沥干。

② 碗中放入剩余调料调匀，浇在鸡爪上即成。

盐水肫花

主料

鸡肫400克

调料

盐、小红椒、姜末、葱末、蒜蓉、料酒、花椒、鲜汤、香油、鸡精各适量

做法

① 鸡肫洗净，去掉外皮上的白色筋膜，改刀切成4瓣。小红椒切段。

② 鸡肫剞十字花刀（深度为鸡肫的4/5为宜），装入蒸碗中，加盐、小红椒段、葱末、姜末、蒜蓉、料酒、鸡精、鲜汤、花椒，入笼蒸熟，取出晾凉，装盘，淋香油拌匀即可。

主料

鸭肠200克

调料

盐、味精、川椒碎、花椒油、鸡精各适量

做法

① 将鸭肠洗净，放入锅内，加少许盐和适量水煮熟。

② 将鸭肠捞出，晾至凉透，切段备用。

③ 将鸭肠倒入盛器内，调味精、川椒碎、花椒油、鸡精，拌匀即成。

麻辣鸭肠

主料

熟鸭掌350克，黄瓜150克

调料

盐、味精、醋、白糖、香油、芥末粉各适量

做法

① 熟鸭掌去骨洗净。黄瓜洗净，备用。

② 去骨熟鸭掌，用开水余一下，晾凉备用。

③ 将黄瓜切片，铺盘底，上面摆放鸭掌。

④ 芥末粉加开水闷出辣味，加盐、味精、白糖、醋、香油调味搅匀，浇在鸭掌上即可。

芥末鸭掌

椒麻鱿鱼卷

主料

鲜鱿鱼1条，核桃仁20克

调料

葱、姜、料酒、盐、小葱叶、花椒面、花椒油、葱油各适量

做法

① 鱿鱼宰杀治净，用葱、姜、料酒、少量盐腌制码味。

② 小葱叶剁成蓉状，挤干水分，加入适量的花椒面、盐、花椒油调制成椒麻酱。

③ 腌制好的鱿鱼汆水至断生，冷却备用。

④ 将椒麻酱和核桃仁放在鱿鱼上，用保鲜膜卷成卷，入冰箱冷藏一会儿，取出切片即可。

鲜椒八爪鱼

主料

活八爪鱼250克

调料

大葱白50克，青红小米椒30克，香菜段20克，青椒丝20克，蒜米、盐、白醋、青椒油、香油、花椒油各适量

做法

① 八爪鱼宰杀治净，切成段，汆水至断生立即放入冰水中，接着放入冰箱冷藏1小时备用。

② 小米椒斜刀切成片，大葱白斜刀切成丝。

③ 八爪鱼加青椒丝、大葱丝、小米椒片、香菜段，放盐、蒜米、白醋拌和均匀，淋入青椒油、花椒油、香油即可。

主料

海螺400克，小土豆200克，德国咸肘子300克

调料

盐、白糖、青红小米椒、蒜末、香葱段、香菜段、姜片、葱段各适量

做法

① 小土豆煮熟去皮；德国咸肘子加姜片、葱段蒸熟，切块；海螺氽水，去壳取肉，切成滚刀块；青红小米椒剁细末。

② 将小土豆、海螺、德国咸肘子放入容器内，加盐、白糖、香菜段、青红小米椒末、蒜末拌匀，最后放入香葱段拌匀装盘即可。

土豆肘子拌海螺

主料

海螺500克

调料

大葱丝30克，青椒丝30克，香菜段20克，小葱叶、花椒面、盐、花椒油、葱油、白醋、香油、蒜末各适量

做法

① 海螺去壳取肉，洗净改刀成片，入80℃热水中氽水至断生。

② 小葱叶用刀剁成蓉状，挤干水分，加入适量的花椒面、盐、花椒油、葱油调制成椒麻酱。

③ 香菜段、大葱丝、青椒丝加盐、蒜末、香油、白醋拌匀，垫于盘底；螺片加椒麻酱拌匀，放在盘中拌好的菜上即可。

椒麻海螺片

温拌海什锦

主料

海肠150克，鱿鱼头100克，扇贝肉50克，鱿鱼片50克

调料

香菜段、小葱段各30克，盐、蒜末、白醋、沙姜油、白糖、花椒油、青花椒、花椒油、小米辣各适量

做法

① 海肠宰杀治净，切段；鱿鱼头切段，和鱿鱼片、扇贝肉入开水锅中汆熟。

② 锅上火，放入处理好的海肠、鱿鱼头、鱿鱼片、扇贝肉，下蒜末、小米辣、青花椒轻轻翻炒出味，放盐、白糖、白醋调味炒匀，下小葱段、香菜段，淋沙姜油、花椒油翻匀出锅即可。

温拌海肠

主料

活海肠200克

调料

香菜、小葱各50克，青、红小米椒各15克，大蒜10粒，鲜青花椒10克，盐、白糖、白醋、沙姜油、花椒油各适量

做法

① 海肠宰杀治净，切成5厘米长的段，入80℃水中汆至断生。

② 大蒜拍破；香菜、小葱分别切3厘米长的段；青、红小米椒斜刀切成马耳形。

③ 炒锅置小火上，放海肠、大蒜、青花椒、青红小米椒轻轻翻炒出味，放入盐、白糖、白醋调味，继续放入香菜段、小葱段，淋沙姜油和花椒油翻匀出锅。

主料

扇贝300克，嫩茄子400克

调料

泡椒末、蒜末、小葱花、酱油、醋、白糖、香油各适量

做法

① 将扇贝去壳，去掉泥肠，取肉，清洗干净，放入沸水中氽至断生。

② 茄子上笼蒸熟，撕成条。

③ 处理好的扇贝肉、茄子放蒜末、泡椒末、酱油、白糖、醋、香油拌和均匀，装盘撒上小葱花即可。

茄子拌扇贝

主料

鲜扇贝柱300克，白萝卜干100克

调料

盐、味精、剁椒、辣椒油、绍酒各适量

做法

① 将扇贝柱洗净，放入盐水中煮熟。白萝卜干放入温水中泡开，洗净，挤净水分，待用。

② 将白萝卜干加味精、绍酒、剁椒抓拌均匀，再加入扇贝柱，调入辣椒油，拌匀即成。

萝卜干拌扇贝

川北凉粉

主料

凉粉350克，大豆20克

调料

蒜、葱花各20克，老抽2小匙，辣椒油1大匙，冰糖10克，盐适量

做法

① 大豆洗净，沥干水；蒜去皮洗净，用压蒜器压成蒜蓉。备好其他食材。油锅烧热，放入大豆，焙至外皮焦黄、香味出来。

② 凉粉切成1.5厘米见方的长条，码入盘中。

③ 冰糖放入碗中捣成末，加入老抽搅匀，再加入大豆、蒜蓉、葱末，加适量辣椒油、盐和水，搅匀即成味汁。

④ 将味汁浇在凉粉条上即可。

酸辣蕨根粉

主料

蕨根粉150克，银芽15克，青红椒丝10克

调料

蒜蓉10克，红油30克，酱油5克，盐4克，味精3克，白糖3克，米醋15克，生抽10克

做法

① 将蕨根粉入沸水中发开后过凉水。银芽择洗干净，焯水后过凉，控水。

② 将蒜蓉、红油、酱油、盐、味精、白糖、米醋、生抽调成味汁。

③ 将调味汁浇在蕨根粉上，撒青红椒丝、银芽即可。

第四章

麻辣鲜香　川味炒菜

川菜对"炒"尤其有独到之处。
它的很多菜式都是用小炒的方法成菜的，
特点是时间短，火候急，
炒菜不过油，不换锅，芡汁现炒现对，
急火快炒，一锅成菜。
成品汁水少，口味鲜嫩。

炝炒白菜

主料

白菜150克

调料

盐、味精各1小匙，醋、辣椒油各1大匙，干红辣椒15克

制作时间
10分钟

难易度
★

做法

① 将白菜洗净，切大块；干红辣椒洗净，切圈。

② 油锅烧热，下入干红辣椒爆香，再入白菜煸炒一下。

③ 加入盐、味精、醋、辣椒油调味，盛出装盘即可。

干锅辣白菜

制作时间
10 分钟

难易度
★ ★

主料

猪五花肉150克，大白菜心
300克

调料

辣椒、青椒、蚝油、白糖、
红油、酱油、醋、味精、
盐、芥末、植物油各适量

做法

① 大白菜心洗净，切成橘子瓣状。

② 五花肉洗净，切薄片。辣椒、青椒洗净，去蒂及子，切成
   薄片，备用。

③ 锅内倒油烧热，放入五花肉煸干，放入辣椒、青椒、大白
   菜心煸炒。

④ 调入酱油、蚝油、红油、醋，加白糖炒至入味，用盐、味
   精、芥末调味，出锅即可。

要点提示

· 切大白菜心时，不要切太薄，否则炒制时容易碎。

· 煸炒五花肉时，要反复翻炒，将肥油煸出来，这样会
  更香，口感也不会太油腻。

干锅娃娃菜

娃娃菜1棵，五花肉100克，蒜苗20克

调料

姜、蒜各10克，干辣椒段、花椒各少许，生抽、白砂糖、香油各1小匙，鸡精、盐各适量

制作时间
15分钟

难易度
★★

做法

① 五花肉洗净，切成薄片；蒜苗洗净，沥干水，切成段；姜洗净切片；蒜洗净切末；娃娃菜洗净切段。

② 油锅烧热，下五花肉片炒出油，然后放蒜末、姜片炒至肉熟。

③ 再向锅中入除干辣椒段、花椒外的所有调料，放入蒜苗段和娃娃菜段翻炒。

④ 另起油锅烧热，下花椒、干辣椒段炒香。将所有材料、调料全部倒入干锅中，加热食用即可。

主料

大白菜500克，野山椒20克

调料

姜5克，蒜10克，盐6克，味精1克，色拉油50克

做法

① 大白菜切成丝，加入盐、味精拌匀，静置20分钟，挤干水分备用。

② 将姜、蒜分别切丝，野山椒剁细末。

③ 锅置火上，加油烧至五六成热时，下野山椒末、姜丝、蒜丝爆香。

④ 再将白菜丝下入锅中炒香推匀，起锅即成。

山椒白菜

主料

油菜400克

调料

味精3克，花椒2克，盐7克，干辣椒10克，精炼油1000克

做法

① 将油菜洗净，一切两半，然后切成段。

② 干辣椒切成2.5厘米长的段。

③ 锅置火上，下精炼油烧至五成热，下干辣椒、花椒炒香。

④ 再加油菜、盐，用旺火快速炒至断生，加味精，起锅即成。

炝炒油菜

豆角炒茄条

主料

新鲜茄子200克，豆角100克

调料

盐半小匙，白砂糖、鸡精各适量，水淀粉、蒜末各少许，干辣椒5个

制作时间 15分钟 　难易度 ★★

做法

① 准备好所有食材。茄子去皮洗净，切长条；豆角择洗干净，切段；干辣椒切段。

② 油锅烧热，倒入豆角段炸约1分钟，捞出沥油，备用。

③ 将茄子条倒入热油锅中炸约1分钟，捞出沥油，备用。

④ 锅留底油烧热，放入干辣椒段和蒜末炒香。倒入豆角段、茄子条略炒。加盐、白砂糖和鸡精调味，以水淀粉勾芡即可。

主料

长茄子300克

调料

姜、蒜、葱花、豆瓣酱、湿淀粉、醋、盐、酱油、味精、白糖、菜油、明油、汤各适量

做法

① 茄子洗净，去皮，剖成两半，表面划菱形花刀，抹上湿淀粉。锅入油烧至六成热，下茄子炸至黄色，捞起沥油。

② 锅内留底油，复置火上，下入豆瓣酱炒出红油，放入姜、蒜炒出香味，注汤，加盐、酱油、白糖、味精、醋，再放入茄子略煮，用湿淀粉勾芡，淋明油，撒葱花，起锅盛入盘中即成。

鱼香茄子

主料

茄子干300克，尖椒50克，蒜苗30克

调料

盐5克，味精3克，精炼油50克

做法

① 茄子干清洗干净，用水泡软，捞出，挤干水分；尖椒去蒂洗净，对剖切成块；蒜苗洗净，切成约2.5厘米长的段。

② 锅置旺火上，烧精炼油至四成热，放入尖椒、茄子干，加盐翻炒至断生。

③ 再投入蒜苗，烹入味精，颠锅推转和匀至熟，起锅盛入盘中即成。

尖椒茄子干

干煸四季豆

制作时间
15分钟

难易度
★★★

主料

四季豆	400克
猪瘦肉末	50克

调料

郫县豆瓣酱	10克
干辣椒	3克
酱油	10克
盐	1克
味精	3克
白糖	2克
香油	2克
葱	5克
姜	5克
蒜末	5克
色拉油	500克

做法

① 将四季豆择洗干净，切成4厘米长的段。

② 择净的四季豆放入加了盐的沸水中焯水后捞出，过凉水，控去水分，待用。

③ 炒锅上火，加油烧热，下入四季豆炸熟倒出。

④ 锅内留底油，下入猪瘦肉末炒散。

⑤ 再炒香豆瓣酱、干辣椒、葱末、姜末、蒜末。

⑥ 最后将炸好的四季豆倒入锅中，调入酱油、盐、白糖、味精炒匀，淋香油，装盘即可。

要点提示

· 也可用手将四季豆掰成段，烹饪时比用刀切的更易入味。

酸辣豆芽

制作时间 5分钟　难易度 ★

主料

黄豆芽250克

调料

干辣椒段适量，醋1大匙，生抽1小匙

要点提示

· 炒制过程中加入适量陈醋，可使豆芽更加爽脆。

做法

① 黄豆芽洗净，备用。

② 锅置火上，加入适量油烧热，放入干辣椒段煸炒出香。放入黄豆芽，大火快炒。

③ 烹入醋，调入生抽。

④ 翻炒均匀即可。

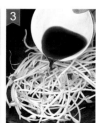

清炒丝瓜

主料

丝瓜500克，番茄1个

调料

盐3克，味精2克，鸡精2克，老姜5克，大蒜10克，大葱10克，化猪油50克，湿淀粉适量

制作时间
10分钟

难易度
★★

做法

① 丝瓜刮去粗皮，清洗干净，切成条；番茄洗净，切成粗条；老姜、大蒜去皮洗净，切成片；大葱洗净，切成葱段。

② 锅置火上，烧水至沸，放入丝瓜条焯至断生，捞出沥干水分。

③ 锅置火上，加入化猪油烧至四成热，投入姜片、蒜片、葱段炒香。

④ 将丝瓜条、番茄条倒入锅中，加盐翻炒，勾薄芡，收汁亮油。将味精、鸡精烹入锅中，颠锅翻转和匀，起锅盛入盘中即成。

炝黄瓜

主料

黄瓜400克

调料

盐、干辣椒、花椒、味精、植物油各适量

做法

① 将黄瓜用清水洗净，沥干，切成0.6厘米厚、3.3厘米长的段。

② 将黄瓜除去瓜瓤，用盐码味10分钟，再入清水中淘洗一下，微挤干水分待用。

③ 锅置火上，加入油烧至七成热时，下干辣椒、花椒炒香上色。

④ 再加入黄瓜条，快速炒匀，最后加入盐、味精，炒至断生即可。

炝炒茭白

主料

茭白400克

调料

干辣椒、花椒、盐、味精、蒜苗、鸡精、香油、精炼油各适量

做法

① 茭白去壳洗净，切成菱形片；干辣椒去蒂及籽，切成段；蒜苗洗净，切段。

② 茭白放入沸水中焯至断生，捞出。

③ 锅内烧精炼油至六成热，投入干辣椒、花椒炸至呈棕红色，倒入茭白。

④ 再加盐、蒜苗，翻炒均匀入味，烹入味精、鸡精、香油，颠锅推转和匀，盛入盘中即成。

主料

鲜竹笋尖150克，青辣椒75克

调料

味精3克，盐4克，五香粉适量，色拉油适量

做法

① 鲜竹笋尖改刀成条；青辣椒去蒂和籽，洗净，切成粗丝待用。

② 炒锅内放色拉油烧至六成热，下竹笋尖、盐、五香粉炒匀。

③ 再下青椒丝炒熟，放味精推匀，起锅即成。

青椒炒竹笋

主料

藕250克，青椒100克

调料

干辣椒、香菜、葱、姜、盐、鸡粉、淀粉、植物油各适量

做法

① 藕洗净，切丝，用水泡一下，放入淀粉中拌匀。干辣椒浸泡，剪成丝。葱、姜洗净，切丝。香菜洗净，去根，切段。青椒洗净，去蒂及籽，切成丝。

② 锅内倒油烧热，放入藕丝炸至微黄，捞出控油。

③ 锅留底油烧热，放入辣椒丝、葱姜丝爆香，下藕丝和青椒丝翻炒均匀，加盐、鸡粉调味，撒香菜段即可。

香辣藕丝

糖醋椒香笋条

制作时间
10 分钟

难易度
★★

主料

罗汉笋300克

调料

骨头汤100克，老抽1小匙，辣椒油1大匙，花椒、鸡精各适量，盐、香油各1小匙

要点提示

· 罗汉笋一定要焯烫熟，约20分钟，焯好的笋可用清水浸泡半小时。

做法

① 将罗汉笋洗净，切成长条。

② 将罗汉笋条放入沸水中氽烫至熟。

③ 油锅烧热，下花椒煸炒出香味。下入罗汉笋、老抽、盐翻炒，淋入骨头汤，烹入鸡精调味。

④ 焖煮2分钟至收干汤汁，淋上辣椒油、香油，拌匀装盘即可。

炒素回锅肉

主料

白萝卜250克，蒜苗30克

调料

色拉油、盐、味精、上汤、豆豉、辣豆瓣酱、酱油、花椒油各适量

做法

① 将白萝卜洗净，切成片。蒜苗洗净，切段。

② 净锅上火，倒入色拉油烧热，下入白萝卜炸至淡黄色时捞起，控油待用。

③ 锅留底油，下辣豆瓣酱、豆豉炒香，加入上汤，调入盐、味精、酱油。

④ 再下入蒜苗、白萝卜煨一下，待蒜苗断生时淋入花椒油即可。

制作时间 10分钟　难易度 ★★

山椒土豆丝

制作时间
10 分钟

难易度
★★

主料

土豆300克，青椒20克，甜椒20克，野山椒10克

调料

盐3克，味精3克，鸡精3克，香油5克，白醋5克，精炼油50克

做法

① 土豆去皮洗净，切成细丝，放入盆中，加入白醋和清水漂一会儿，捞出沥干水分。

② 青椒、甜椒去蒂及籽，清洗干净，切成细丝；野山椒去蒂，剁成细粒。

③ 锅置旺火上，烧水至沸，放入土豆丝焯至微断生，捞出沥干水分。

④ 锅内烧精炼油至六成熟，放入野山椒粒、青椒、甜椒丝炒香。投入土豆丝，加盐、味精、鸡精、香油调味，颠锅翻转和匀，起锅盛入盘中即成。

泡椒炒香菇

主料

鲜香菇400克，泡辣椒50克

调料

姜片5克，葱片5克，大蒜5克，盐2克，鲜汤50克，味精1克，精炼油50克，香油5克

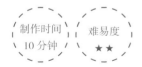
制作时间 10分钟　难易度 ★★

做法

① 将香菇去掉根部，清洗干净，斜刀片成片；泡辣椒去蒂及籽，切成马耳朵形；大蒜去皮洗净，切成指甲片。

② 锅置旺火上，加入精炼油烧至四成热，下马耳朵泡辣椒、姜片、蒜片、葱炒香。

③ 再放入香菇稍炒，烹入少许鲜汤。

④ 最后加盐、味精、香油，翻转均匀，起锅装盘即成。

干锅茶树菇

制作时间
1.5 小时

难易度
★★★

主料

干茶树菇	100克
二刀猪腿肉	100克
五花肉	50克
干香菇	50克
干木耳	50克
蒜苗	50克
洋葱	30克

调料

香辣酱、青花椒、干红辣椒、大葱、姜片、色拉油、猪油、八角、草果、沙姜、香叶、茴香、花椒、胡椒粉、白糖、黄酒、生抽、香油、蚝油、香醋、盐、高汤各适量

做法

① 干香菇泡软，去蒂，切条；干木耳水发后切成丝；洋葱切丝；蒜苗、大葱、干红辣椒分别切成小段。

② 猪腿肉洗净，放入锅中，加八角、草果、沙姜、香叶和花椒卤熟，切成条。

③ 干茶树菇用热水浸泡至软，去蒂，洗净，切成段，放入高压锅中，加水，放五花肉、姜片、葱、盐，用中火焖1小时，起锅沥干。

④ 锅置火上，入猪油、色拉油烧至六成热，下入姜片、葱段、八角、草果、茴香、青花椒和干辣椒炸香。

⑤ 放入蚝油，注入高汤，调入黄酒、胡椒粉、白糖和生抽，倒入茶树菇和香菇烧至入味，转入干锅中。

⑥ 锅入少许油烧热，下香辣酱和肉条，放洋葱丝、木耳丝和蒜苗炒匀，倒在茶树菇上，烹入香醋，撒葱段，淋香油即可。

鱼香千张

主料

千张500克

调料

菜油1000克，姜米、蒜米各30克，葱花25克，醋15克，泡辣椒30克，盐10克，味精2克，香油、白糖、料酒各20克，鲜汤250克

做法

① 将千张洗净，沥干，切成小块，待用。

② 锅置火上，下菜油烧至八成热，放入千张炸至金黄，滗去余油。

③ 锅内爆香泡辣椒、姜蒜米，下炸千张、鲜汤、料酒、白糖、盐、味精，待锅中汤汁收干时放醋、葱花，推匀起锅，淋香油即可。

白油金针菇

主料

金针菇300克

调料

盐3克，味精2克，胡椒粉2克，姜片6克，葱段5克，酱油5克，水淀粉20克，香油5克，香菜叶少许，鲜汤200克，植物油适量

做法

① 金针菇去根洗净，放入开水中焯一下，捞出沥尽水分。

② 盐、味精、胡椒粉、酱油、水淀粉、香油、鲜汤调成味汁。

③ 锅入油烧至四成熟，下入姜片、葱段爆炒出香味。

④ 再将金针菇下入锅内翻炒均匀，烹入味汁颠锅翻匀，起锅装盘，最后将洗净的香菜叶点缀在盛器边即可。

芝麻肉丝

主料

猪肉500克

调料

葱1根，姜少许，熟芝麻50克，盐1小匙，味精半小匙，白糖4小匙，大料1个，干淀粉、桂皮各少许，料酒、辣椒粉各1小匙

制作时间 20分钟　难易度 ★★

做法

① 准备好所有食材。

② 将猪肉洗净，沥干水，切丝，装入碗中，加入少许盐、干淀粉、料酒腌渍约10分钟；姜切片；葱切段。

③ 油锅烧至八成热时，下入肉丝，滑炒至变色，加入葱段、姜片、大料、桂皮继续翻炒。

④ 锅中加入剩余调料，翻炒均匀，入味后加入熟芝麻继续翻炒，炒匀即可。

回锅肉

制作时间
15分钟

难易度
★★

主料

带皮猪腿肉	400克
青蒜苗	200克

调料

甜面酱、盐、辣豆瓣酱、酱油、料酒、花生油各适量

做法

① 将猪肉放汤锅中煮至肉熟皮软，捞出晾凉。

② 将晾凉的肉切成大片。

③ 青蒜苗洗净切段。

④ 锅入油烧热，下肉片略炒，加盐炒至出油。

⑤ 然后加辣豆瓣酱、甜面酱翻炒，再加酱油、料酒炒匀。

⑥ 最后放青蒜苗炒熟即成。

Tips

回锅肉是一道四川名菜，又称熬锅肉。以前的做法多是先白煮，再爆炒，到了清末时，成都有位姓凌的翰林，因宦途失意退隐家居，潜心研究烹饪。他将先煮后炒的回锅肉改为先将猪肉去腥味，以隔水容器密封后蒸熟再煎炒成菜。因为久蒸至熟，保持了肉质的浓郁鲜香，原味不失，色泽红亮。

生爆盐煎肉

主料

猪后腿肉250克，蒜苗100克

调料

混合油100克（菜油与化猪油按1:1的比例混合），郫县豆瓣25克，盐2克，豆豉10克，料酒10克，白糖5克，味精1克

做法

① 将猪肉洗净去皮，切成片，蒜苗洗净，切成马耳朵形，郫县豆瓣剁细。

② 锅置旺火上，下混合油烧热，放入猪肉稍炒。烹料酒，下豆豉、白糖、盐、豆瓣炒上色。

③ 再将蒜苗放入锅中炒至断生，加味精，起锅即可。

怪味爆肉花

主料

猪里脊肉300克，熟玉米粒50克

调料

色拉油、水淀粉、鲜汤各适量，葱花、香油各20克，酱油、香醋、料酒各15克，泡小米红辣椒、番茄酱、白糖各10克，味精、花椒、盐各2克

做法

① 将猪里脊肉洗净，切片，剞十字花刀，加盐、料酒、水淀粉拌匀。

② 将酱油、白糖、香醋、味精、鲜汤、水淀粉对成味汁。

③ 锅烧至六成热，下猪里脊肉片、泡小米红辣椒、花椒、番茄酱略炒，加玉米粒炒匀，烹入味汁，淋香油，撒葱花即成。

榨菜肉丝

制作时间
15分钟

难易度
★★

主料

猪瘦肉250克，榨菜100克

调料

香葱25克，干辣椒1个，盐5克，味精1克，料酒5克，湿淀粉50克，混合油100克，香油5克，老姜5克，冷鲜汤适量

做法

① 猪肉切成粗丝；榨菜用清水洗一下，沥干水分，切粗丝；香葱切段；干辣椒切细丝；老姜切细丝。

② 将切好的肉丝放入碗中，加盐、料酒、湿淀粉拌匀。另取一碗，放味精、盐、冷鲜汤、湿淀粉调成芡汁。

③ 炒锅置火上，下油烧热，下入猪肉丝、辣椒丝、姜丝、香葱段同炒。

④ 炒散时烹料酒，放入榨菜丝翻炒，烹入芡汁，淋上香油，起锅即成。

要点提示

· 榨菜本身具有咸味，用清水冲洗可去除多余的盐分，突出榨菜清脆的口感。

鱼香肉丝

制作时间
10分钟

难易度
★★

主料

瘦猪肉	400克
水发木耳	50克

调料

泡红椒、姜末、蒜末、葱花、盐、味精、料酒、胡椒粉、高汤、白糖、醋、酱油、色拉油、湿淀粉各适量

做法

① 瘦猪肉切丝，加盐、酱油、料酒、湿淀粉拌匀，腌制入味。

② 泡红椒剁细，木耳切丝。

③ 白糖、味精、高汤、醋、胡椒粉、湿淀粉调成鱼香味汁。

④ 锅入油烧热，爆香泡红椒、姜蒜末、葱花。

⑤ 下肉丝炒散，下木耳，烹味汁，快速炒匀，收汁，淋明油，起锅装盘即成。

Tips

相传很久以前，四川有家人很喜欢吃鱼，很讲究调味，烧鱼时候总要放一些去腥增味的调料。有一次，女主人在炒肉丝时，将上次烧鱼时用剩的调料都放进菜里了，本来还担心不好吃，不料男主人品尝后却连连称赞。由于这道菜是用烧鱼的调料来炒的，因此取名为鱼香肉丝。

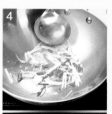

鱼香肝片

制作时间
10 分钟

难易度
★★

主料

猪肝200克

调料

混合油100克，泡辣椒20克，姜、蒜各10克，白糖8克，醋3克，盐3克，料酒4克，葱花25克，酱油10克，湿淀粉10克，鲜汤适量

做法

① 将猪肝切成柳叶片，泡辣椒剁碎。

② 将白糖、醋、盐、酱油加鲜汤和湿淀粉调成味汁待用。

③ 锅入油烧至七成热，将码好盐、湿淀粉的猪肝下锅中快速炒制。

④ 烹料酒，加泡辣椒、姜、蒜片、葱花，烹味汁即可。

辣子蒜香骨

主料

猪瘦排骨300克

调料

蒜蓉、料酒、精炼油、干辣椒、吉士粉、熟白芝麻、花椒、盐、嫩肉粉、姜片、干细淀粉、鸡精各适量

制作时间 40分钟   难易度 ★★

做法

① 排骨改刀成段，用盐、蒜蓉、料酒、嫩肉粉码味30分钟，加入吉士粉、干细淀粉、精炼油拌匀。干辣椒切段。

② 锅置旺火上，加入精炼油，烧至五六成热时，放入排骨炸至干香金黄时捞出。

③ 锅重新置中火上，加入精炼油，烧至四五成热时，放入干辣椒、花椒、姜片炒香。

④ 再放入排骨、盐、鸡精，炒制入味，起锅，撒入熟白芝麻推匀，装盘即可。

火爆腰花

制作时间
15分钟

难易度
★★★

主料

猪腰	2个
干黑木耳	100克
青红椒	100克

调料

葱白	25克
泡红辣椒	25克
姜片	5克
蒜片	5克
酱油	10克
盐	5克
白糖	5克
料酒	5克
湿淀粉	15克
鲜汤	50克
胡椒粉	1克
味精	1克
混合油	100克

做法

① 将猪腰撕去膜，洗净，一剖为二，片去腰臊。将处理好的猪腰剞花纹，切成宽约1.3厘米的长条。

② 干黑木耳用水泡发，去蒂洗净；葱白切马耳朵形；泡红辣椒也切马耳朵形；青红椒切片。

③ 猪腰码上料酒、盐、湿淀粉腌制。

④ 将胡椒粉、酱油、糖、味精、鲜汤、湿淀粉调成味汁。

⑤ 锅入油烧热，爆香姜蒜片。

⑥ 下腰花、木耳、青红椒、泡红辣椒、葱翻炒，倒入味汁，收汁即成。

洋葱猪肝

制作时间 15分钟

难易度 ★★

主料

猪肝400克，洋葱1个，青尖椒、胡萝卜各30克

调料

干淀粉、鸡精各适量，白砂糖、香油各半小匙，老抽、生抽各1小匙，料酒、水淀粉各1大匙

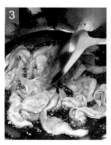

做法

① 猪肝洗净，切薄片；洋葱去皮，切片；青尖椒、胡萝卜分别洗净，切片，备用。

② 猪肝片加干淀粉抓匀，备用。

③ 油锅烧至四成热，放入猪肝片炒至断生。捞出沥油，备用。

④ 另起锅，放入洋葱片、青尖椒片、胡萝卜片煸香。加鸡精、白砂糖、料酒、生抽、老抽调味，放入猪肝片翻炒均匀，加水淀粉勾薄芡，最后淋入香油，盛出即可。

要点提示

· 猪肝中富含铁质，是常用的补血食品，多食猪肝可有效改善贫血症状。

干煸腊肉

制作时间
15分钟

难易度
★★

主料

腊肉250克，尖椒20克

调料

色拉油、盐、味精、白糖、老醋、辣椒油、花椒粒、姜蒜末、香菜末、干淀粉各适量

做法

① 将腊肉洗净，蒸熟后切片。尖椒洗净，去蒂、籽，切片。

② 炒锅上火，倒入水烧沸，下入腊肉略汆，捞起控净水分，加入干淀粉拍匀待用。

③ 净锅上火，倒入色拉油烧至六七成热，下入腊肉炸至外皮酥脆，捞起控油。

④ 锅内留底油，下姜蒜末、花椒粒煸香。再下入腊肉、尖椒，调入盐、味精、白糖、老醋翻炒，淋辣椒油，撒香菜末即可。

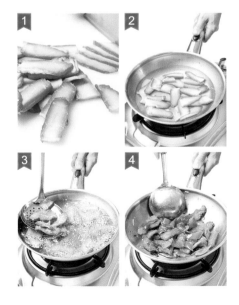

辣子肥肠

制作时间 10分钟　　难易度 ★★

主料

肥肠段300克，青辣椒圈、红辣椒圈各15克

调料

姜片、葱段各10克，干辣椒段10克，盐、鸡精、老抽、生抽、料酒各半小匙，辣椒酱半大匙

做法

① 油锅烧热，放入姜片、葱段炒至出香味。

② 放入干辣椒段炒香，烹入料酒，倒入肥肠段煸炒片刻至熟。

③ 加盐、鸡精、老抽和生抽调味。

④ 加辣椒酱略炒，加青辣椒圈、红辣椒圈炒香，出锅装盘即可。

 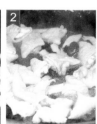  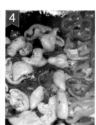

主料

牛肉500克，芹菜200克

调料

郫县豆瓣酱、绍酒、白糖、盐、味精、姜、花椒面、花生油、干红辣椒各适量

做法

① 牛肉洗净，切成细丝。芹菜择洗干净，去叶，切长段。姜切丝，干红辣椒斜切成段。

② 锅中加油烧热，煸香干辣椒。下牛肉丝炒散，放入盐、绍酒、姜丝继续煸炒。

③ 待牛肉水分将干、呈深红色时下豆瓣酱炒散，待香味逸出、肉丝酥软时，加芹菜、白糖、味精炒熟，倒在盘中，撒上花椒面即可。

干煸牛肉丝

主料

鸡脯肉200克，海蜇头100克

调料

香菜、干辣椒丝、盐、料酒、淀粉、蒜米、花椒油、植物油各适量

做法

① 鸡脯肉切细丝，加盐、料酒、淀粉上浆。

② 海蜇头浸泡后洗净，用开水略烫，过凉后切片。香菜切段。

③ 锅加油烧至四成热，放入鸡丝滑好，捞出控油。锅留油，放入辣椒丝炸出香味，加蒜米，放鸡丝后调味，加香菜段、海蜇头后炒匀，淋花椒油出锅。

凤丝牡丹

辣爆兔肉

制作时间
30分钟

难易度
★★

主料

兔腿	500克

调料

葱、姜、蒜	各10克
盐	1小匙
鸡精	少许
料酒	1大匙
干淀粉	1大匙
鲜露	适量
花椒	适量
干辣椒	7个
植物油	适量

Tips

兔肉中富含的卵磷脂是大脑和其他器官发育不可缺少的营养物质，具有健脑益智的作用。

做法

① 兔腿洗净，切块；葱洗净，切末；姜洗净，切片；蒜去皮，切末；干辣椒切段，备用。

② 兔腿块放入碗中，加盐、料酒、鸡精、鲜露、干淀粉和适量油抓匀，腌渍20分钟，备用。

③ 油锅烧热，放入腌渍好的兔腿块炸至熟，捞出沥油。

④ 锅留底油烧热，爆香姜片、蒜末、花椒、干辣椒段，放入炸好的兔腿块，大火快炒至熟，最后撒上葱末炒匀即可。

宫保鸡丁

制作时间 30分钟　难易度 ★★

主料

鸡腿	2个
花生米	40克
干红辣椒	30克

调料

A：蛋清	1/2个
盐	1/8小匙
料酒	1小匙
玉米淀粉、清水	各1小匙
B：生抽	2大匙
陈醋、高汤	各1大匙
老抽、料酒	各1小匙
砂糖	1.5小匙
盐	1/8小匙
鸡精、味精	各1/2小匙
C：玉米淀粉	2小匙
清水	3大匙
香油	1/2小匙
生姜、大蒜	各5克
大葱段	10克
花生油	适量
辣椒面	适量

做法

① 鸡腿去骨取肉，将鸡腿肉先切十字花刀，再切成丁。

② 将鸡肉丁用调料A抓匀，腌制15分钟。

③ 炒锅内放入花生油，放入花生米，冷油小火炸至花生米呈微黄色，捞出沥油，放凉后去皮。

④ 锅内油烧至四成热，放入腌好的鸡肉丁滑炒至变色，捞起备用。

⑤ 锅留底油烧至四成热，放入干红椒段炸至呈棕红色，再下入姜、蒜、葱炒出香味。

⑥ 锅内放入炒好的鸡丁，加辣椒面，再倒入调好的调料B，大火炒匀。

⑦ 再加入花生米翻炒均匀。

⑧ 倒入水淀粉勾薄芡，炒匀，淋入香油即可。

要点提示

· 炸花生时要用冷油、小火，才会把花生炸得酥脆而又不焦糊。

· 花生放凉后要去皮，否则外皮遇水变皱影响脆度，且口感苦涩。

重庆辣子鸡

制作时间
50分钟

难易度
★★★

主料

嫩子鸡	1/2只（约350克）
干红椒	30克

调料

A：盐	1/4小匙
生抽	1大匙
料酒	1大匙
B：砂糖	1小匙
生抽	1大匙
香醋	1大匙
香油	1大匙
鸡精	1/2小匙
姜	20克
蒜	15克
香葱	10克
白芝麻	适量
色拉油	3大匙

做法

① 将鸡块放入碗中，用调料A拌匀，腌制30分钟（时间越长越入味）。

② 锅入油烧至170℃，放入鸡块炸至表面呈微黄色，捞起，放凉片刻。

③ 锅内的油再次加热至180℃，将鸡块倒入油锅复炸1分钟，捞出沥油。

④ 锅留底油烧热，放入干红椒、姜丝、蒜蓉煸炒至出香味。

⑤ 下入炸好的鸡块，放入生抽、砂糖、香醋、鸡精，倒入1汤匙清水，翻炒均匀。

⑥ 炒至水分收干时，加入香葱段，淋上香油，撒上炒香的白芝麻即可。

要点提示

· 因为鸡块含有水分，所以要采用回锅炸的方式。

· 炒鸡块的时候要加少量水，以便把调料里的味道炒出来。但水量不能太多，以免影响鸡块的酥脆度。

麻辣鸡翅

制作时间
30分钟

难易度
★★

主料

鸡翅	350克

调料

A：生抽、料酒	各1大匙
糖	1/2小匙
盐	1/4小匙
红油	2大匙
B：生抽	1大匙
四川麻辣火锅料	1大匙
糖	1/2小匙
香醋	1小匙
大蒜（切片）	5瓣
姜	5片
八角	2颗
干红椒	15克
花椒	5克

做法

① 鸡翅斩成小块，用调料A拌匀腌制15分钟。

② 锅内烧热油，放入腌好的鸡块，中小火翻炒至鸡块表面金黄、出油脂，盛出备用。

③ 锅留底油烧热，放入姜片、蒜片爆炒出香味。

④ 再放入红椒、花椒炒至出香味。

⑤ 倒入鸡块，调入生抽、糖、香醋、火锅底料，倒入清水（水量至鸡翅的1/3处）。

⑥ 大火煮开后转小火，煮至水分收干即可。

果味鸡丁

制作时间
25 分钟

难易度
★★

主料

鸡脯肉200克，菠萝1/4个，苹果半个，圣女果2个

调料

盐3克，白糖5克，料酒10克，姜片5克，葱段5克，湿淀粉10克，鲜汤50克，精炼油50克，松肉粉少许

做法

① 鸡脯肉去骨，切成约1.5厘米见方的丁，放入碗中，加盐、松肉粉、料酒、姜片、葱段，码味15分钟取出，用湿淀粉和匀。

② 菠萝去皮，切成约1.2厘米的丁；苹果去皮，切成约1.2厘米的丁；圣女果去蒂，切丁。

③ 盐、白糖、鲜汤、湿淀粉放入调料碗中，调匀成味汁，备用。

④ 锅置旺火上，烧精炼油至四成热，放入鸡丁滑散至熟，滗去余油，倒入菠萝丁、苹果丁、圣女果丁颠锅和匀，烹入味汁，收汁亮油，起锅装入盘中即成。

泡椒鸡片

制作时间
15 分钟

难易度
★★

主料

鸡脯肉300克，泡椒50克

调料

盐、味精、料酒、白糖、花椒、葱姜蒜、花生油、辣椒油、蛋清、湿淀粉、鸡汤各适量

做法

① 鸡脯肉片成片，放入大碗中，加盐、料酒腌制入味，用蛋清、淀粉上浆。

② 锅置火上，倒入花生油，烧至五成热，将鸡脯肉放入油中滑熟，倒出控油。

③ 起油锅烧热，爆香葱姜蒜、花椒，倒入鸡汤，放盐、味精、白糖调味。加入鸡片炒匀，用湿淀粉勾薄芡，起锅装在盘中。

④ 用辣椒油炒香泡椒，浇在鸡片上即可。

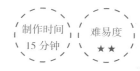

麻辣鸡豆腐

制作时间 15分钟　难易度 ★★

主料

豆腐	400克
鸡脯肉	100克
青红椒粒	50克

调料

干辣椒段、葱姜末、盐、味精、蛋清、干淀粉、植物油、鸡汤、白糖、酱油、料酒各适量

Tips

鸡肉的鲜香和豆腐的嫩滑融合在一起，相得益彰，再加上红油的香辣味道，是一道百吃不厌的下饭菜。

做法

① 将鸡脯肉洗净，切丁，加入蛋清、干淀粉抓匀。

② 豆腐洗净，切小块，用沸水焯一下，捞出沥干水分。

③ 将鸡脯肉入热油锅中滑散，捞起沥油。

④ 起油锅烧热，下干辣椒、葱、姜爆香。

⑤ 加鸡汤，放盐、味精、白糖、酱油、料酒调味，加鸡丁炒匀，勾芡后下入豆腐。

⑥ 再加青红椒粒稍炒，装盘即可。

要点提示

· 豆腐切块后放入沸水中焯一下，可以防止豆腐在炒制过程中破碎。

· 炒制鸡丁时油温不要太高，以防鸡肉在高温炸制时变干、变硬，口感发柴。

青椒鸡丝

制作时间
10 分钟

难易度
★★

主料

净鸡脯肉250克，青椒75克，鸡蛋（取蛋清）1个

调料

盐半小匙，干淀粉1大匙，料酒、水淀粉各1小匙，味精少许，鲜汤75毫升

做法

① 鸡脯肉洗净，切成细丝。

② 青椒洗净去蒂，切成粗丝。将盐、味精、鲜汤、鸡油、水淀粉对成味汁。

③ 将鸡丝、料酒、盐、蛋清、淀粉拌和均匀，上浆入味。

④ 油锅烧至四成热时，放入鸡丝，滑炒至变色，再放入青椒丝炒约半分钟，烹入味汁，快速翻炒均匀，起锅装盘即可。

要点提示

· 鸡丝应切均匀；滑炒时油温不宜过高，要滑散。

嫩姜鸭舌

主料

鸭舌300克

调料

嫩姜30克，葱丝、辣椒丝各适量，白砂糖、淀粉各1大匙，盐、味精、老抽各1小匙，胡椒粉、香油各半小匙

制作时间
70分钟

难易度
★★

做法

① 准备好所有食材。

② 将鸭舌洗净，抹上少许淀粉、白砂糖、香油、老抽，腌渍1小时，备用；嫩姜洗净，切成细丝。

③ 将腌渍好的鸭舌入油锅中，炸至八分熟，捞出沥油。

④ 起油锅烧热，下干辣椒、葱、姜爆香。锅底留油，爆香辣椒丝、葱丝、姜丝，再加入鸭舌以及盐、味精、白砂糖和胡椒粉，调至大火，翻炒数下，装盘即成。

土豆樟茶鸭

制作时间 25分钟　难易度 ★★

主料

樟茶鸭	1只
土豆	250克

调料

蒜	15克
泡辣椒	25克
葱节、姜片	各10克
盐、味精	各半小匙
鲜汤	适量
香油	少许

Tips

　　樟茶鸭属于熏鸭的一种，是将肥嫩公鸭经腌、熏、蒸、炸四道工序制成。熏制时选用樟树叶和花茶叶最为关键。樟茶鸭色泽金红，外酥里嫩，带有樟木和茶叶的特殊香味，是经典川菜之一。

做法

① 将樟茶鸭剁去头、脚等，切成拇指粗的条。

② 土豆去皮，洗净，切成条；蒜拍破；泡辣椒去籽及蒂，切节。

③ 油锅烧至五成热，加入蒜瓣、泡辣椒、姜、葱炒香。

④ 加入鸭条，炒匀。

⑤ 鸭条烧几分钟后，加入土豆条、盐炒几下。

⑥ 加入鲜汤，用小火烧至熟软，加入味精调味，淋香油即可出锅。

要点提示

· 樟茶鸭切条要均匀，土豆切条要细一些。

· 烧时用小火，以防粘锅。

泡椒鸭片

制作时间
15分钟

难易度
★★

主料

鸭胸肉	500克

调料

葱、姜、蒜	各10克
盐、蚝油	各1小匙
白砂糖	半小匙
泡椒	20克
老抽	适量

做法

① 鸭胸肉去皮，洗净，切片；葱洗净，切段；姜洗净，切片；蒜去皮，切粒；泡椒切圈，备用。

② 油锅烧热，爆香姜片、蒜粒。

③ 放入鸭肉片，爆炒至鸭肉变色。

④ 放入泡椒圈，炒3分钟左右。

⑤ 撒入葱段炒匀。

⑥ 再加老抽、蚝油、白砂糖、盐调味，起锅装盘即可。

Tips

泡椒，俗称"鱼辣子"，是川菜中特有的调味料。泡椒具有色泽红亮、辣而不燥、辣中微酸的特点，泡椒与鸭片搭配，能去腥解腻，增进食欲，促进消化吸收。

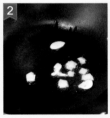
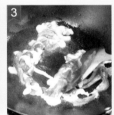
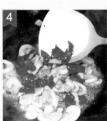

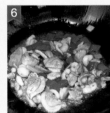

要点提示

· 鸭肉、泡椒与泡菜中均含有盐分，所以在炒的时候不需要放太多盐。

糖醋鱼柳

制作时间
15 分钟

难易度
★ ★ ★

主料

鲤鱼	1尾（约重100克）
番茄	1个
鸡蛋	1个

调料

菜油	1500克
面粉	50克
葱花	100克
白糖	80克
香醋	50克
酱油	20克
料酒	20克
香油	10克
淀粉	20克
高汤	适量
胡椒粉	适量
混合油	适量

做法

① 将鲤鱼治净，从背部下刀取肉，切长条备用。

② 鸡蛋、酱油、胡椒粉、香油、料酒、白糖拌匀，下鱼条和匀。

③ 淀粉、面粉调成糊状，倒入鱼条裹匀。

④ 锅入油烧热，鱼条逐个下锅，炸至金黄色，捞出待用。

⑤ 番茄去皮切片，在圆盘边沿摆成莲花形。

⑥ 锅里下混合油，炒香葱花，下高汤，加白糖、醋勾二流芡成汁。另起一锅下菜油，将鱼条二次下锅，稍炸之后捞于糖醋汁锅内，猛火翻炒起锅，装盘上桌即可。

要点提示

· 也可选其他淡水鱼来做这道糖醋鱼柳，需要注意将鱼刺处理干净后再切条。

家常爆鳝片

主料

鲜鳝片350克，芹菜心100克

调料

郫县豆瓣、葱白各50克，姜片15克，蒜片20克，酱油、香油各10克，料酒15克，白糖、味精、胡椒面各3克，花椒面、植物油各适量

制作时间 15分钟　难易度 ★★

做法

① 鲜鳝片洗去血水，沥干水，用刀在鳝片内剞十字花刀，切成长5厘米的段。

② 芹菜心洗净，切段。葱白切斜刀片。郫县豆瓣剁细。

③ 锅入油烧热，爆香鳝段，待水分散失一些后下豆瓣炒至吐红油，下料酒、胡椒面、酱油、姜蒜片稍炒。

④ 再放入芹菜段、葱片，加少许白糖、味精，淋香油，起锅装盘，撒上花椒面即可。

干煸鱿鱼丝

主料

鲜鱿鱼150克，猪肥瘦肉150克，绿豆芽100克

调料

盐2克，酱油10克，料酒15克，白糖2克，味精1克，香油5克，菜油100克

制作时间
15分钟

难易度
★★

做法

① 鱿鱼去头、尾、骨，横着切成丝，洗净，沥干水分。猪肥瘦肉切成丝。绿豆芽去嫩芽和根。

② 锅置旺火上，下油烧至六成热，放入鱿鱼丝炒一下，加入5克料酒煸炒。

③ 下肉丝继续翻炒，待肉丝水分快干时，再加入盐、酱油、白糖、5克料酒炒香。

④ 加豆芽、5克料酒，炒至豆芽断生，加入味精，淋上香油，起锅装盘即成。

宫保鱿鱼卷

制作时间 15分钟

难易度 ★★

主料

鲜鱿鱼	200克
花生仁	80克

调料

白糖	15克
蒜片	10克
料酒	8克
醋	20克
葱丁	20克
鲜汤	20克
盐	3克
味精	4克
干辣椒	25克
湿淀粉	25克
酱油	15克
姜片	10克
花椒	5克
精炼油	75克

做法

① 鲜鱿鱼撕去外膜，洗净，剞花刀，再切成块。

② 花生仁炸酥后去皮备用，干辣椒切成2.5厘米长的节。

③ 将盐、白糖、醋、酱油、味精、料酒、鲜汤、湿淀粉调成芡汁。

④ 锅内烧水至沸，入鱿鱼块余水至卷曲捞出。

⑤ 锅入油烧热，炒香干辣椒、花椒，放入鱿鱼卷炒制。

⑥ 再加姜蒜片、葱丁炒香，烹入芡汁，收汁后加花生仁推匀，起锅即成。

要点提示

· 先将整片鱿鱼剞花刀后再切块，比较好处理。

· 炸花生时油温不要太高，小火将花生炸熟后放凉，用手轻轻一搓，即可去掉花生皮。

孜然鱿鱼

主料

新鲜鱿鱼300克，洋葱150克

调料

盐、鸡精各半小匙，孜然、辣椒粉各1小匙

做法

① 将洋葱去老皮，洗净切丝；鱿鱼处理干净，切丝。

② 锅中注入适量清水烧开，倒入鱿鱼丝略余烫，捞出沥干，备用。

③ 油锅烧热，放入孜然，以小火炒香，下入辣椒粉炒香。倒入洋葱丝略炒。

④ 倒入鱿鱼丝翻炒均匀，加盐、鸡精翻炒至熟透入味，出锅装盘即可。

芙蓉乌鱼片

主料

鱼片300克，鸡蛋清3个

调料

香菜、盐、料酒、水淀粉、香油、色拉油各适量

做法

① 锅入油烧至三成热，将鱼片分多次连续地放入油锅，至颜色发白后盛出。

② 锅内留油烧热，放入蛋清滑熟，再加盐、料酒，用水淀粉调稀勾成薄芡，倒入鱼片，再将鱼片轻轻地翻烧一会儿。

③ 将鱼片和蛋盛入盘中，淋上香油，撒香菜装饰即可。

生爆虾仁

主料

鲜虾100克，荸荠100克，青红辣椒80克

调料

鸡蛋清、干淀粉、化猪油、湿淀粉、盐、料酒、胡椒面、味精、鸡汤、葱末各适量

做法

① 荸荠去皮，洗净，与净青红椒一同切片。鲜虾挤出虾仁去壳，漂入清水中淘去杂质，沥干水分。鸡蛋清加干淀粉拌匀，调成蛋清淀粉。料酒、胡椒面、味精、盐、湿淀粉加鸡汤调成味汁。

② 锅入化猪油烧至五成热，将虾仁与蛋清淀粉、盐拌匀，同荸荠片、青红椒一同下锅，用筷子滑散，再将多余的油滗去。

③ 锅内留底油，爆香葱末。

④ 再将滑油的原料下锅翻炒，烹入味汁炒匀即成。

蛤蜊炒鸡

主料

活蛤蜊200克，土公鸡300克

调料

酱油、干辣椒、八角、葱花、姜片、高汤、蒜瓣、煳辣油、食用油各适量

做法

① 蛤蜊清洗干净；土公鸡宰杀治净，斩大块。

② 锅内放入油，加干辣椒、八角、葱花、姜片爆锅，放入鸡块煸炒，加高汤烧开，调入酱油上色，撇去浮沫，转小火焖至九成熟，下蛤蜊一同焖熟，收汁装盘。

③ 另起油锅烧热，放入煳辣油、蒜瓣、干辣椒爆香，浇在盘中即可。

辣椒炒文蛤

主料

文蛤300克，红辣椒1个，绿辣椒1个

调料

蒜、姜各适量，料酒3小匙，老抽2小匙，盐少许

做法

① 将文蛤放入水中浸泡，加少许盐，使之吐净泥沙。

② 红、绿辣椒分别清洗干净，切成辣椒圈；蒜切成薄片；姜切成细末。

③ 油锅烧热，放入蒜片、姜末和红、绿辣椒圈爆香，放入浸泡好的文蛤翻炒几下，烹入料酒，再炒几下，烹入老抽。

④ 待文蛤基本上都张开时放少许盐，炒匀后即可出锅装盘。

第五章

回味悠长　蒸烧炖菜

川菜享有"一菜一格，百菜百味"之美誉。

川菜热菜的烹调方法很多，

火候的运用极为讲究。

常见的烹调方法除了炒之外，还有熘、炸、爆、蒸、烧、

煨、煮、焖、煸、炖、煎、炝、烩等。

每个菜肴采用何种方法进行烹调，

必须依据原料的性质和对菜品的工艺要求而定。

白汁菜心

主料

黄秧白菜心250克，鱼糁75克

调料

盐1.5克，胡椒粉0.5克，味精1克，湿淀粉2.5克，奶汤300克，化鸡油15克

制作时间
10分钟

难易度
★★

做法

① 白菜心洗净，去筋，整理形状后沥干水分。

② 用小刀将鱼糁慢慢刮入白菜心中间，整齐地放于盘中。

③ 锅置火上，加水烧开，放白菜心，焯至六成熟时捞起，用水漂凉，冷透后捞出，沥干水分，装盘中待用。

④ 锅入奶汤烧开，加盐、胡椒粉，将菜心下锅，稍炖后加味精，勾芡，淋鸡油，起锅即成。

开水白菜

主料

白菜心500克

调料

清汤适量

制作时间 15分钟　难易度 ★

做法

① 白菜心洗净。

② 将净白菜心放入沸水锅中焯熟，捞出，入冷水中漂凉，再捞出修切整齐，待用。

③ 焯水后的白菜放入适量清汤中煮，待煮至白菜入味、质地变软时捞出，放入汤碗中。

④ 锅置中火上，加清汤烧沸，撇尽浮沫，将汤轻轻从汤碗边缘灌入白菜中即成。

清蒸豆腐

主料

豆腐1000克，猪肥肉50克，冬菇50克

调料

盐2克，味精1克，花椒水3克，料酒10克，鸡汤100克

制作时间
10分钟

难易度
★

做法

① 将豆腐切成整齐的小薄片。猪肥肉切片。

② 豆腐片入开水锅中焯一下捞出，沥水待用。

③ 取一盘，将豆腐排入盘中，加入鸡汤、猪肥肉、冬菇、盐、花椒水、料酒。

④ 将处理好的豆腐放入蒸锅蒸熟，加味精调味即可。

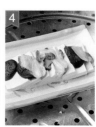

烧椒茄子

主料

茄子250克，红尖椒15克

调料

盐6克，味精3克，葱蒜油15克，生抽8克，香油1克

做法

① 茄子洗净，去蒂去皮，切成条，上笼蒸10分钟取出，晾凉后装盘。

② 红尖椒用炭火烤爆皮，将皮撕去，留肉切成粒。

③ 盐、味精、葱蒜油、生抽、香油、红尖椒粒调成味汁。

④ 将调味汁浇在茄条上即成。

制作时间　15分钟

难易度　★★

粉蒸南瓜

主料

南瓜500克，大米粉200克

调料

盐4克，老干妈酱30克，泡生姜10克，味精3克，色拉油20克

制作时间
15分钟

难易度
★★

做法

① 将南瓜洗净，去皮，切成片。

② 泡生姜切末，与南瓜片一同放入碗中，加入大米粉、盐、老干妈酱、味精、色拉油拌匀待用。

③ 将拌入味的南瓜片整齐地摆入碗中，排好，再将少许调料盖上。

④ 将南瓜碗入笼中用大火蒸10分钟，取出，翻扣在盘中上桌即可。

主料

长茄子500克

调料

豆瓣酱、葱丝、姜片、蒜片、酱油、料酒、
盐、白糖、花生油各适量

做法

① 茄子洗净，切坡刀片，用清水浸泡15分
钟后捞出，沥干水分。

② 锅入油烧热，下茄块炸成淡黄色，捞出
沥油备用。

③ 锅内留底油烧热，炒香豆瓣酱，放茄块
煸炒，再下葱姜蒜，颠翻几下，加白
糖、酱油、料酒、盐，烧几分钟，起锅
盛入盘中即可。

干烧茄子

主料

豆腐250克，菜心200克，冬笋尖50克

调料

植物油、鲜汤、湿淀粉、盐、白糖、酱油、
花椒粉、胡椒粉各适量

做法

① 菜心洗净。冬笋尖洗净切碎，用油炒
香。豆腐切长方形片。将盐、白糖、酱
油、花椒粉、胡椒粉、鲜汤调成味汁。

② 锅入油烧至六成热，下豆腐炸成金黄
色，捞出，排入碗内，撒上冬笋尖，加
入味汁，入笼蒸20分钟后扣于盘中。

③ 净锅下少许油，炒熟菜心，加盐、鲜
汤，用湿淀粉勾芡，淋在素扣上即可。

素扣

扫码看视频

川味水煮肉片

制作时间
40分钟

难易度
★★★

主料

猪里脊	500克
圆生菜	半个

调料

郫县豆瓣酱	80克
熟芝麻	10克
湿淀粉	20克
干红辣椒	10克
花椒面	适量
盐	5克
白糖	10克
蒜末	20克
葱姜末	少许
蚝油	5克
酱油	5克
色拉油	适量

做法

① 将猪里脊切成约5毫米厚的片，加入盐。

② 将湿淀粉倒入腌好的猪里脊肉片内，抓匀，静置20分钟。

③ 将郫县豆瓣酱剁碎。炒锅烧热后加入色拉油、葱姜末、干红辣椒爆香，放入剁好的郫县豆瓣酱，煸出红油，加蚝油、白糖、酱油、清水。

④ 汤汁沸腾后加入圆生菜煮熟，出锅垫入盘底。

⑤ 炒锅中水开后将肉片分次放入并拨散。

⑥ 煮至变色成熟后捞出置于炒好的圆生菜上，浇上部分汤汁，撒上花椒面、蒜末、熟芝麻。

⑦ 干红辣椒放入油锅中爆香，一起倒在水煮肉片上即可。

要点提示

· 最后淋入成菜的汤汁只要没过肉片就好，不用太多。

· 垫菜使用的圆生菜也可用圆白菜、油麦菜等其他绿叶蔬菜代替。

红烧肉

制作时间 3 小时

难易度 ★★★

主料

带皮五花肉	500克
干山楂片	适量

调料

老抽	1大匙
料酒	1大匙
冰糖、盐、香油	各适量

Tips

　　红烧肉色泽金黄，肥而不腻，入口酥软，深受大众喜爱，但各地做法略有不同。这道红烧肉烹制过程中加入了山楂，山楂可使红烧肉熟软得更快，并使其味道甜中带点自然的酸，还可解腻增香、助消化，可谓一举多得。

做法

① 带皮五花肉洗净，切成麻将块；盆中装入凉水，加入料酒，放入五花肉块，浸15分钟。

② 将干山楂片和浸好的五花肉块放入砂锅里，加入足量的水（至少高过肉块2厘米以上）。

③ 大火烧沸30分钟，中间不断用勺子撇除表层浮沫。

④ 转小火保持微沸状态烧1.5小时。

⑤ 转入炒锅中，倒入老抽。中火烧30分钟至汤汁收浓。

⑥ 锅中加入冰糖，烧到汁浓，加盐调味，最后淋香油出锅即可。

要点提示

· 五花肉切块后放在冷水中浸泡，可以去除部分肉腥味儿。

· 做好的红烧肉装盘后淋入香油，可以使红烧肉色泽明亮诱人，如果不喜欢香油的味道，也可以用味道较轻的熟菜籽油替代。

东坡肉

主料

猪带皮肋条肉750克，川冬菜250克

调料

酱油、花椒、料酒、胡椒粉、姜片、葱段、盐、白糖、肉汤、花生油各适量

制作时间 2小时　难易度 ★★

做法

① 猪肉洗净晾干，皮上抹酱油。川冬菜洗净，切段。

② 锅中放油烧热，将抹酱油的肉皮朝下放锅中，炸至皮呈金黄色，捞出控油。

③ 竹箅垫底，上面放炸好的肉，加川冬菜、葱、姜、盐、酱油、白糖、胡椒粉、花椒、肉汤、料酒，旺火烧沸。

④ 小火煨炖约90分钟，使肉皮朝上，盛于盘中，将余汤收浓后浇在肉上即成。

主料

带皮猪五花肉500克，陈皮25克，菜心50克

调料

菜油、姜片、葱结、酱油、鲜汤、白糖、精盐、醪糟汁各适量

做法

① 猪五花肉去毛，洗净，入开水锅中氽一下，去掉血腥味，切成薄片。

② 陈皮洗净，姜拍破，葱挽结。

③ 锅置火上，下菜油烧热，下入白糖、酱油炒至呈金黄色，再放入肉片炒上色，加入鲜汤，烧开打去浮沫，加入姜、葱、陈皮、醪糟汁，起锅装入用焯熟的菜心垫底的盘中即可。

干烧陈皮肉

主料

五花肉500克，瘦猪肉125克，净冬笋150克，水发香菇50克，熟鸡蛋1个，海米10克

调料

姜、花椒、葱各少许，冰糖15克，盐1克，酱油5克，冰糖50克，水淀粉10克，料酒、汤各适量

做法

① 五花肉洗净，切块。瘦肉剁蓉，做成肉饼，入热油锅炸一下，备用。冬笋切块。熟鸡蛋炸成金黄色。香菇切块。

② 将主料装入坛中，加入料酒、花椒、葱、姜、酱油、冰糖、盐和汤，小火煨5~6小时。

③ 汤汁倒入锅中烧开，加水淀粉勾芡，淋在煨好的原料上即可。

坛子肉

东坡肘子

制作时间 50分钟

难易度 ★★★

主料

| 猪肘子 | 1个 |

调料

酱油、盐、味精、姜片、葱段、料酒、高汤、胡椒粉、色拉油、糖色各适量

做法

① 肘子去毛洗净，入沸水锅中煮至六成熟，取出待用。

② 在肘子皮上抹糖色。

③ 锅入油，炒香姜、葱，倒入高汤，加盐、味精、料酒、胡椒粉、酱油，放入肘子烧沸。

④ 再改中火煨至肘子酥烂。

⑤ 起锅，将肘子装入圆盘中，原汁收浓，淋在肘子上即成。

Tips

东坡肘子其实是苏东坡的妻子王弗的妙作：一次，王弗在炖肘子时因一时疏忽，使肘子焦黄粘锅，她连忙加入各种配料再细细烹煮，以掩饰焦味。不料这么一来，肘子的味道却格外地好。苏东坡素有美食家之名，此后不仅自己反复烹制这种肘子，还向亲友大力推荐。于是，"东坡肘子"也就得以传世。

要点提示

· 将肘子煨至用筷子可轻易穿透的程度即可。

坛子菜焖猪脚

制作时间 20分钟　难易度 ★★★

主料

猪脚	500克
黄贡椒	30克
坛子菜	60克
青红椒	适量

调料

高汤	150克
植物油	适量
猪油	50克
盐	5克
味精	10克
鸡粉	8克
胡椒粉	少许

做法

① 将猪脚去毛，洗净，切成4厘米长、2厘米宽的块状。

② 将坛子菜切碎，青红椒切圈。

③ 将猪脚块放入沸水锅中余水。

④ 锅入油烧热，加入黄贡椒翻炒。

⑤ 倒入猪脚块，再倒入高汤，加入盐、味精、鸡粉和胡椒粉调味，倒入高压锅，大火上汽，小火压制8分钟，连汤取出待用。

⑥ 另起锅，入油烧热，放入坛子菜炒香。将压好的猪脚连汤一起倒入锅内，加入青红椒圈，大火收干汤汁即可出锅。

Tips

坛子菜是四川酱菜的一种。用坛子腌制的咸菜，脆、咸、辣、酸、甜，能增进食欲。坛子菜起源于古代，人们用陶罐封存鲜菜，以备应急用，经过后人改进，成为风味独特的地方特色菜。

毛血旺

制作时间
20分钟

难易度
★★

主料

鸭血	500克
毛肚	150克
火腿肠	150克
黄豆芽	150克
鳝鱼	100克
熟肥肠	100克

调料

葱花、蒜片、姜片、干红辣椒、郫县豆瓣酱、盐、花椒、鸡精、白糖、醋、料酒、植物油、骨头汤各适量

做法

① 将鸭血、鳝鱼、黄豆芽、熟肥肠和毛肚洗净。鸭血、熟肥肠切片。鳝鱼切段。毛肚切丝。火腿肠切片。

② 锅入油烧热，放干红辣椒、郫县豆瓣酱、姜蒜片，煸炒至出香味且油呈红色时捞出渣质，倒骨头汤，制成红汤备用。

③ 将处理好的鸭血、鳝鱼、黄豆芽、毛肚用开水汆烫一遍，除去血沫和杂质。

④ 将汆好的原料同火腿肠、熟肥肠一起放入制好的红汤内，加盐、鸡精、白糖、料酒、醋调味，大火将汤烧开，待原料熟透后装入容器中，撒上葱花。

⑤ 重新起锅热油，放入花椒、干红辣椒，炝出香味后迅速浇在碗中即可。

Tips

毛血旺以毛肚、鸭血为制作主料，将食材现烫现吃，遂得名。烹饪时以煮制为主，口味属于麻辣味，是一道著名的四川传统菜式。毛血旺具有汤汁红亮、麻辣鲜香、味浓味厚的特点。

水煮牛肉

主料

牛肉400克，芹菜100克，蒜苗100克，豌豆尖50克

调料

姜片、蒜末、葱花、花椒面、味精、豆瓣、辣椒面、料酒、酱油、盐、胡椒粉、高汤、色拉油、湿淀粉各适量

做法

① 牛肉洗净切成片，用盐、料酒、酱油、湿淀粉码味上浆。蒜苗、芹菜分别洗净，切段。

② 炒锅置火上，加油烧热，放入豆瓣、蒜苗、姜片，炒出香味。

③ 锅中倒入高汤烧沸，放入芹菜、豌豆尖煮至断生后用漏勺捞起，放在大碗中垫底。

④ 锅内下入牛肉片煮熟，勾芡收汁。

⑤ 起锅盛在碗内，撒上花椒面、辣椒面、胡椒粉、味精、葱花、蒜末。

⑥ 再淋上七成热的油即可食用。

板栗蒸鸡

制作时间
15分钟

难易度
★★

主料

净土鸡肉500克，净板栗肉
200克

调料

冰糖5克，盐2克，葱段20
克，姜片10克，味精2克，料
酒50克，鸡精2克，胡椒粉
1克，蚝油20克，色拉油150
克，湿淀粉20克，鲜汤适量

做法

① 将土鸡肉斩成3厘米见方的块，板栗肉去杂质待用。

② 炒锅置火上，放油烧至七成热，下鸡块爆炒至水分快干、
香味出时，下冰糖炒化。

③ 锅内下料酒、姜、葱、蚝油炒匀，下少量鲜汤、盐、鸡
精、胡椒粉及味精，用小火烧上色，水分近干时起锅。

④ 肉放碗内，板栗放在鸡肉上面，原汁淋入。上笼蒸至鸡和
板栗均熟时取出，拣去姜葱，鸡扣盘中。原汁勾湿淀粉，
待汁稠发亮时加入葱段起锅，淋在鸡上即成。

脆笋烧带鱼

主料

冰鲜带鱼250克，四川腌笋200克

调料

葱白段10克，泡椒段10克，盐、白糖、酱油、醋、胡椒粉、豆瓣酱、豆瓣油、姜蒜米、料酒、高汤、水淀粉、食用油各适量

做法

① 带鱼用盐码味，炸至外酥里嫩，控油备用。四川腌笋洗净，改刀成条状。

② 锅内下豆瓣油，加入姜蒜米、豆瓣酱炒出味，烹料酒，加高汤大火烧开，放白糖、酱油、胡椒粉、醋调味。

③ 放入带鱼、腌笋、泡椒段烧至入味，中火勾芡收汁，淋豆瓣油，放葱白段即可。

咸鱼蒸肉饼

主料

五花肉馅250克，咸鲅鱼半条（约150克），四川干盐菜20克，冬菜20克，鸡蛋1个

调料

盐、姜末、大葱末、胡椒粉各适量

做法

① 五花肉馅内放盐、姜末、大葱末、胡椒粉、鸡蛋调味，用刀剁匀备用；四川干盐菜、冬菜清洗干净，切成末。

② 咸鱼用清水漂去盐分，清洗干净，切成条。

③ 调好的五花肉馅平铺于条形餐具内，在肉馅上将咸鱼条摆成鱼形，再将切好的干盐菜、冬菜末放于咸鱼上，入笼蒸10分钟即可。

干锅沸腾鱼

制作时间
25 分钟

难易度
★★

主料

参鱼1条（重约1000克），黄
豆芽250克

调料

红油1500克，子弹头干辣椒、
花椒、八角、香叶、葱段、姜
丝、盐、料酒、干淀粉、火锅
底料、色拉油各适量

做法

① 将鱼宰杀后洗净，斩下鱼头、鱼尾，片去鱼骨。取两扇净
　鱼肉片成大而薄的片，放入盆中，加入料酒、盐、干淀粉
　码味上浆。

② 黄豆芽放入加少许色拉油和盐的沸水中煮熟，捞出放入干
　锅内。

③ 锅入色拉油烧至六成热，倒入浆好的鱼片滑散至八成熟，
　倒出，均匀地摆在黄豆芽上。

④ 锅上火，入红油烧热，下入子弹头干辣椒、花椒、姜丝、
　葱段、香叶、八角和火锅底料，炸至干辣椒呈棕红色时倒
　入装鱼片的盆中，随酒精炉上桌即成。

番茄鱼片

主料

净鲜鱼肉300克，番茄400克

调料

鸡蛋清2个，淀粉25克，清汤75克，化猪油500克，盐4克，味精2克，胡椒粉2克，白糖5克，料酒10克

制作时间 20分钟　难易度 ★★

做法

① 将净鱼肉去皮洗净，片成片，加盐、胡椒粉、料酒拌匀，再加入蛋清、淀粉上浆。

② 番茄去蒂，切瓣，去籽，片成片。将盐、味精、胡椒粉、白糖、料酒、清汤和淀粉调成味汁。

③ 锅烧热，下化猪油烧至五成热，下鱼片用筷子滑散，滗去余油。

④ 锅内加番茄轻轻推匀，烹味汁，起锅即成。

水煮鱼

主料

草鱼1条（约1500克），黄豆芽250克

调料

干辣椒、盐、味精、料酒、辣椒面、五香粉、胡椒粉、淀粉、辣椒油、花生油、草果、砂仁、芝麻各适量

制作时间 20分钟　难易度 ★★

做法

① 草鱼处理干净，取鱼肉片成薄片，头和骨剁成块，加辣椒面、五香粉、胡椒粉、盐、味精、料酒腌制入味，加淀粉拌匀。

② 黄豆芽焯熟，放入盘中铺底。鱼头和骨拍粉，入热油中炸透，放在豆芽上。

③ 将鱼片入热油中滑熟，倒在鱼头和骨上。

④ 辣椒油烧热，放入干辣椒、芝麻、草果、砂仁炸香，倒在鱼片上即可。

麻辣小龙虾

主料

小龙虾500克

调料

干红辣椒、葱姜蒜末、花椒、料酒、生抽、醋、白糖、盐、鸡精、香油、色拉油各适量

制作时间
20分钟

难易度
★★★

做法

① 小龙虾吐尽泥沙后洗净，用料酒腌制10分钟。

② 锅内加油烧热，下入小龙虾炸至八成熟，关火，将虾捞出沥油。

③ 锅中留油再次烧热，下葱姜蒜末、干红辣椒和花椒爆香。

④ 将小龙虾倒入锅中大火翻炒，放入盐、生抽、醋、白糖，淋少许清水，加盖中火烧3分钟。汤滚后改大火快速翻炒，放鸡精、香油，待汁快收干时起锅即可。

麻辣盆盆虾

主料

虾300克，青笋200克

调料

葱姜蒜末、盐、味精、白糖、酱油、料酒、花椒、火锅料、植物油、干辣椒、柠檬各适量

做法

① 虾治净，去头和尾。青笋洗净，切片。干辣椒切段。热锅凉油，放入花椒炸香，再加干辣椒，炸出麻辣味后，放葱姜蒜末煸香。

② 下火锅料炒开，加虾翻炒。

③ 待其变色，加料酒、酱油、白糖、盐调味，挤入柠檬汁，加水漫过虾，加盖焖制。

④ 放入青笋，焖2~3分钟，开盖让其沸腾2分钟，大火收汁，调入味精即可。

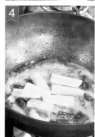

制作时间 15分钟

难易度 ★★

老豆腐烧蟹

主料

蟹子2只，老豆腐400克

调料

姜片、葱段、姜末、蒜米、蒜苗花、郫县豆瓣、盐、胡椒粉、料酒、酱油、白糖、味精、鲜汤、干淀粉、湿淀粉、精炼油各适量

做法

① 将蟹子揭盖后斩块，用姜片、葱段、盐、胡椒粉、料酒等腌渍片刻，拍匀干淀粉，入锅中炸至色呈金红时捞出。老豆腐切块，放入沸水锅中焯水，捞出。

② 锅留底油，下姜米、蒜米、郫县豆瓣炒香，烧沸后下蟹块和老豆腐，烧熟，再加入其余调料，用湿淀粉勾芡，撒蒜苗花，起锅装盘，盖上蟹盖即可。

菜炖蟹

主料

梭子蟹2只（约350克），青皮南瓜150克，鲜豆角130克，嫩玉米150克

调料

郫县豆瓣酱、煳辣油、蒜末、红小米椒末、美极鲜、香油、盐、香菜末、洋葱末各适量

做法

① 梭子蟹宰杀干净，改刀成块状备用。

② 豆角改刀成10厘米长的段；南瓜去瓤，切成块；嫩玉米切成小段。

③ 鲜豆角、南瓜、玉米下清水锅炖至软烂，下蟹块炖熟，连同所有调料调成的味碟上桌即可。

主料

活鲍鱼1只（约50克）

调料

青花椒5克，小葱花10克，豉油汁、食用油各适量

做法

① 鲍鱼宰杀，去除内脏，洗净表面黑膜，汆水至断生。

② 锅内加少许豉油汁，开后放入鲍鱼略烧使其入味，出锅装盘。

③ 鲍鱼上撒上小葱花，放青花椒，浇上烧至极热的食用油炸香即可。

椒香鲍鱼仔

主料

活鲍鱼1只（约50克）

调料

盐、花椒面、辣椒面、孜然面、煳辣油各适量

做法

① 鲍鱼宰杀，洗净表面黑膜。

② 将鲍鱼上炭火烤制，边烤边刷煳辣油，待鲍鱼烤熟时将盐、辣椒面、花椒面、孜然面拌匀，撒在烤好的鲍鱼上面，装盘点缀即可。

川式烤鲍鱼

葱椒海鲈鱼

主料

活海鲈鱼1条（约600克），小香葱100克

调料

姜片20克，植物油25克，冷鲜汤150克，青花椒适量

做法

① 海鲈鱼治净，加姜片、葱段入笼蒸熟。

② 将小香葱一半切15厘米长的段，备用。另一半剁成蓉，加冷鲜汤调散，过滤后即成小葱汁。

③ 将小葱汁浇在蒸好的海鲈鱼上，放上长葱段、青花椒，再浇上烧热的食用油即成。

驰名墨斗鱼

主料

墨斗鱼500克

调料

色拉油、盐、味精、酱油、葱姜丝、麻椒、川椒、香辣酱、绍酒各适量

做法

① 将墨斗鱼杀洗干净，调入绍酒、盐、味精、酱油、葱姜丝、香辣酱，腌渍20分钟至入味，上锅蒸熟，取出待用。

② 净锅上火，倒入色拉油烧热，下川椒、麻椒煸香，起锅倒在墨斗鱼上即可。

建议上架：生活类　美食类
ISBN 978-7-5552-6473-6
定价：29.80元

ISBN 978-7-5552-6473-6

9 787555 264736 >